服装设计基础与创意

（第2版）

史林 编著

U0241363

中国纺织出版社

服装设计基础一类的书已经见过不少，本书尽量少做重复，并力图写出一些新意。"服装设计师"这个称号曾经感动过许多年轻人，他们被T形台上的鲜花、掌声、镁光灯等所迷惑，觉得做个服装设计师是多么荣耀的事。但是，现实当中他们却并不是那么如意，于是就想改行、跳槽。这种结果的形成很有可能是他们对服装设计师应有的素质不了解所造成的。为此，本书对这一问题做了详细的阐述，重点在于告诉年轻人，服装设计是一项艰苦的工作，需要学习很多的知识，而且还要有与人合作的精神，所以说要想成为一名服装设计师先要学会做人，谦虚、谨慎、好学是设计师应有的品德。

在高校中教了近二十年的服装设计，我感到最难解决的还是如何培养学生思维创新的问题，哪怕是在参考国外设计师作品的基础上，如何让他们赋予自己作品的创造性的问题。因此，本书在创造性思维这一章中讲述的内容比较多，而且在最后一章中以国内设计师的代表作品为例，详细地讲述了从灵感到设计以及最后怎样完成作品的全过程，想以此启发初学者的创造性思维。倘若这本书能在这方面对读者有所帮助，就是对作者的极大安慰。

本书第十章的文字执笔者为钱孟尧老师，其图片采用了苏州大学艺术学院和宁波服装职业技术学院学生的作业，在此一一向他们致谢。同时还要感谢许星和李琼舟老师共同为本书收集图片资料。感谢中国纺织出版社美术图书分社策划编辑们对本书的支持和帮助！希望本书的修订出版能继续得到服装界以及设计界专家、学者的指点。

史林

2014年6月于北京

目　录

人们今天所说的设计，其实仅发生在18世纪中期欧洲的产业革命之后，至今只有二百多年的历史。在这之前，所有的手工艺制品是没有单独的"设计"意识的。服装设计也是一样，过去缝制衣服的"裁缝"，其实是集设计、裁剪、缝制于一身的手工业者，而真正意义上的服装设计，直至19世纪中期才诞生。

第一节　服装设计的由来和发展背景

一、服装设计的由来

在人类的农耕时代，由于生产力低下，交通、通讯不发达，生活节奏十分缓慢，一种服装款式几乎延续上百年的时间也不会改变。那时有钱人家的衣服是雇裁缝到家里量体裁衣，而一般人家的衣服都是自家缝制，缝衣服的手艺也是主妇们代代相传的。

19世纪中期的欧洲，一位年轻的英国裁缝到法国巴黎开了一家裁缝店，专为中产阶级及达官贵人裁制衣服，同时他还事先设计好许多样衣，让前来做衣服的顾客从中选购，这位裁缝就是后来被人们称为"时装之父"的查尔斯·弗雷德里克·沃斯（Charles Frederick Worth，1826—1895）。沃斯是世界上最早把裁缝工作从宫廷、豪宅搬到社会，并自行设计和营销的裁缝，也是第一位能将设计、裁剪、缝制集于一身，多才多艺的设计师。从沃斯开始，服装进入了由设计师主宰流行的新时代（图1-1）。

二、影响服装设计的发展背景

18世纪，英国的产业革命波及了整个欧洲和美洲，这对于人类来说是一场伟大的变革，它结束了漫长的农耕手工业时代，使人类社会跨入机械工业生产阶段，并且带动了整个社会的经济、文化、艺术的腾飞。正是在这场产业革命之后才诞生了真正意义上的设计（Design）。

19世纪的"沃斯"时代，欧洲产业革命已接近尾声，法国已拥有75万台动力织机，飞速发展的纺织业以机械化大生产的方式，快速生产着品质优良的布匹。1846年，自美国人埃利亚斯·豪（Elias Howe，1819—1867）发明了两根线运作的缝纫机后，纺织与服装工业就不断涌现出新的技术革命，这促使沃斯的服装事业产生了史无前例的工业化和商品化现象，人们不远万里地来到巴黎整箱整箱地购买他的服装。沃斯的高级时装业在这一时期达到了发展的顶峰。虽然他的设计并没有脱离古典主义的轨道，但是我们不难看出，服装设计的发展与科学技术的推进、社会经济的变革等有着不可分割的联系。

20世纪初，一支俄罗斯芭蕾舞团为巴黎带去了阿拉伯风格的舞蹈《泪泉》，异国情调、宽松舒适的舞蹈服饰风格，吸引并震撼了当时的法国服装设计师，他们毅然抛弃了延续使用三百多年的紧身胸衣，吸收东方民族的服饰特色，破天荒地开创了东西方服饰艺术相结合的设计新思路。

图1-1　沃斯设计的服装

20世纪初，第一次世界大战掀起了政治风云变幻，欧洲女权运动的兴起、女子教育的普及，使妇女摆脱了做男人花瓶的羁绊，史无前例地离开家门走向社会。这一切社会变革，都在客观上加速了女装的现代化设计进程。设计师一反传统美学的既定价值，结束了有上千年女装历史的拖地长裙，而代之以简洁、朴实、舒适的服装造型。由此看来，服装设计的发展与战争、社会政治变革、艺术交流、文艺思潮等社会背景是紧密相连的。

第二节　服装设计师与流行

从"沃斯"时代算起，服装设计已有一个半世纪的历史，这段历史中涌现出了无数优秀设计师，而且几经怀旧轮回，服装款式的变化也无比丰富，一次次地造就和翻新了国际流行时尚。关于服装的发展史在此我们不一一赘述，但设计师与流行的关系，却很微妙地经历了以下几个阶段。

图1-3　巴伦夏加设计的服装

一、个体设计师主宰流行阶段——19世纪中期至20世纪50年代

自从沃斯开创了服装设计事业，设计师队伍也开始壮大起来。随着服装业的扩展，法国又出现了许多设计新人，如活跃于20世纪初的保罗·波烈（Paul Poiret，1879—1944，法国）、玛德琳·维奥内（Madeleine Vionnet，1876—1975，法国），在20世纪20年代和50年代曾两度风靡的加布里埃·夏奈尔（Gabrielle Chanel，1883—1971），称雄于20世纪50年代的克里斯汀·迪奥（Christian Dior，1905—1957）、克里斯托伯·巴伦夏加（Cristobal Balenciaga，1895—1972，西班牙）、皮埃尔·巴尔曼（Pierre Balmain，1914—1982，法国）等。尽管他们只是设计师群体的代表人物，然而与现在短期内形成的庞大设计师队伍相比，当时的设计师仍然是凤毛麟角的。他们的工作主要是为社会上层名流、达官贵人以及演艺界成年女性设计高级时装。人们追逐设计师的时装发布信息，就像追逐流星，生怕自己会落伍而被人耻笑。这是设计师在创造流行、主宰流行的特殊世纪，连国家的权威报纸，都把最新的时装信息放到头版头条，由此可见此时服装设计师地位的重要性（图1-2、图1-3）。

图1-2　保罗·波烈设计的服装

二、设计师群体主宰流行阶段——20世纪60年代至80年代

20世纪60年代发生了反传统的年轻风暴。战后成长起来的青年人对时装界一贯的做法不满，他们要为自己设计服装来对抗传统的服装美学。他们对整个社会体制也不满，对摇滚乐歌星的崇拜取代了电影明星，留长发、穿牛仔的嬉皮士、避世派风靡欧美，朋克族成了青年的模仿对象。这一阶段登台的设计师是一大批年轻人，他们中的代表有：迷你裙设计者玛丽·奎恩特（Mary Quant，1934—　，英国）、安德烈·辜耶基（Andre Courreges，法国）、宇宙服创始人皮尔·卡丹（Pierre Cardin，1922—　，意大利）、波普风格创始人伊夫·圣·洛朗（Yves Saint Laurent，1936—2008，阿尔及利亚）、朋克装创始人维维安·韦斯特伍德（Vivienne Westwood，1941—　，英国）、男性化宽肩女装创始人乔治·阿玛尼（Giorgio Armani，1935—　，意大利）、女性化收腰皮装创始人阿瑟丁·阿拉亚（Azzedine Alaia，1940—　，突尼斯）等。而且70年代兴起的高级成衣业，也催生了一大批新的设计师，如卡尔·拉格菲尔德（Karl Lagerfeld，1939—　，德国）是欧洲设计师代表之一，超大风格创始人三宅一生（Issey Miyake，1938—　，日本）、乞丐装创始人川

图1-5　伊夫·圣·洛朗设计的波普风格服装

图1-4　玛丽·奎恩特设计的迷你裙

图1-6　阿瑟丁·阿拉亚设计的宽肩皮套装

图1-7　皮尔·卡丹设计的宇宙服

图1-8　三宅一生设计的"超大型"服装

图1-9　乔治·阿玛尼设计的男性化女装

图1-10　维维安·韦斯特伍德设计的服装

久保玲（Kawakubo Rei，1942—　，日本）等是东方设计师的代表。受到年轻风暴冲击的高级时装设计师们，此时也加入到设计高级成衣行列。这是设计师群体主宰流行的时代，他们创造的迷你裙、热裤、喇叭裤、各种类型的装扮等，一次次引领着风靡世界的服装潮流（图1－4～图1－10）。

三、大众与设计师共同创造流行阶段——20世纪80年代至今

其实早在20世纪70年代，英国朋克族的黑皮夹克配牛仔裤、法国摇滚族、美国嬉皮士的T恤配牛仔裤等装扮，都是年轻人自己创造的，可见从那时开始就已经显露出设计师与消费者共同主宰流行的端倪。

自20世纪80年代起，服装款式设计基本是在怀旧与回归之中徘徊，创造新颖时装的着眼点已经逐步移向了其载体——面料。人们生活方式的改变促使休闲风劲吹，消费者追求的是个性化穿着，并不盲从于任何人。这是一个服装款式混杂的时代，长的、短的、宽的、窄的服装无处不在，没有哪个设计师能够左右世界的流行。

图1-12　亚历山大·麦克奎恩设计的服装

各国设计师阵营不断壮大，世界已形成了五大时装中心——巴黎、伦敦、纽约、米兰和东京。20世纪90年代，老一辈设计师相继退居二线，百年老品牌逐渐由年轻的设计师掌门，他们的灵感来自世界各个民族、各个阶层的服装，甚至街头时装、妖艳的妓女装、流浪汉的破衣、烂衫等都是他们设计灵感的源泉。可以说，这个时代设计师是在和大众共同创造着流行。

这一阶段的设计师代表是：迪奥公司的第五任设计主帅约翰·加里亚诺（John Galliano，1961—　，英国）（图1－11）、英国设计师亚历山大·麦克奎恩（Alexander Mcqueen，1969—　）（图1－12）、法国设计师让·保罗·戈蒂埃（Jean Paul Gaultier，1952—　）（图1－13）、伊夫·圣·洛朗公司的新艺术总监汤姆·福特（Tom Ford，美国）（图1－14）、路易·威登公司的首席设计师马克·加克伯斯（Marc Jacobs，1964—　，美国）等。

图1-11　约翰·加里亚诺设计的服装

图1-13　让·保罗·戈蒂埃设计的服装

图1-14　汤姆·福特为YSL设计的服装

英文Design即设想、运筹、计划、预算等，是人类为实现某种特定的目的而进行的创造性活动。对于现代设计这一概念，1964年"国际设计讲习班"为其下了一个权威性的定义：设计是一种创造性的活动，其目的是确定工业产品的形式性质。这些形式既包括产品的外部特征，也包括产品作为一个消费品的结构与功能的关系。

第一节　设计的类型与范畴

在这个世界上，凡是与人类衣、食、住、行等生活相关的用品，小到针头线脑、发夹耳钉，大到轮船飞机、人造卫星、宇宙飞船，可以说样样都是经过精心设计制作而成的，它们都属于设计范畴。如此庞大的领域应当如何给它们分类呢？我们的服装设计又应当属于什么类别呢？关于这个问题，各国专家学者都曾发表过自己的见解，其中日本学者川添登在其1992年出版的"何为设计"一书中，将构成人类世界的三大要素：人、社会、自然作为划分设计类型的坐标点，由它们的对应关系，形成相应的三大基本设计类型，应当是比较科学的（图2-1）。

一、人与自然之间

人类相对于大自然就像蚂蚁一般是十分渺小的，洪水泛滥、火山爆发都会给人类带来灭顶之灾。远古时代的人类生活在这个大自然中，首先必须懂得适者生存的道理，一方面要学会适应，会寻找自然界能够维持生命的物品，如食品和水；另一方面还要用各种方法应对一切危及自己生命的自然现象和野兽，其中必要的就是制造工具，这是人类与其他动物的本质区别，设计活动就是伴随着制造工具的人的产生而产生的。例如：距今约二万年前的旧石器时代，我们的祖先山顶洞人就有使用石器、骨角器具的遗迹，并有石锥和雕刻器等工具，他们用兽骨磨制成针缝合兽皮裹身御寒，这时已略有设计活动的雏形，这是人类设计活动的起源。新石器时代（距今约9000～8000年前）由于农业的诞生人类进入了农业社会，不必再

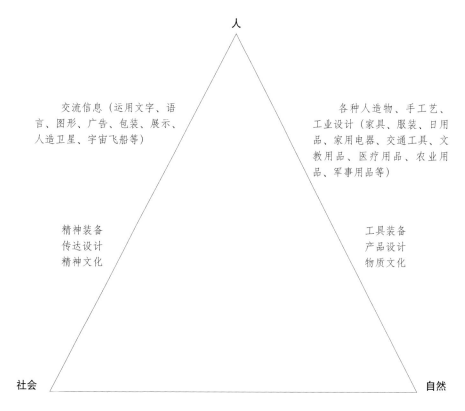

图2-1　设计的类别与范畴

到处游牧，食物也不匮乏，多数人可从事分工创造，各种器物随之产生，使得人类的造型或设计活动，进入正式而稳定的阶段。我国半坡遗址的仰韶文化，就发现陶制的盆、罐、瓶、壶、钵等物品。人类真正设计活动的开始就在新石器时代。

在发现了金属之后，又用其制造了各种青铜器、矛头盾牌等。后来，人类不断创造、发明、革新，并使自己进入了工业社会，于是无数工业产品便成为了人类利用自然、改造自然的有力工具。面对山洪人们筑坝、修水库，还可利用水力、风力发电，在土地上可以种植粮食、蔬菜，地下可以开采矿物、石油，天上可以利用太阳能，海底还可收集无数宝藏。由此可见，人类和大自然的关系一方面要融入其中，找寻和制造丰富的物质，用以满足日常生活的需要，同时又要制造各种工具产品，用以应对、利用和改造大自然。这一切我们都可归于产品设计、工具装备，属于物质文化的范畴。

二、人与社会之间

人类区别于动物的第一次变革是集体群居而形成了原始社会，在社会中人与人之间需要精神交流，于是在漫长的岁月中逐渐创造了图形、文字、语言……在现代社会，远距离的交流需要通讯传达，而远古时期的远距离交流则需要步行或者骑马送信，马拉松赛跑就是这样诞生的：公元前490年波斯和希腊交战，雅典人派了快跑能手斐力庇第斯到邻国求援，他以惊人的速度用了整整两天的时间来回跑了近150公里。为了纪念这次战争的胜利和表彰英雄斐力庇第斯的功绩，1896年在雅典举行的第一届奥运会上，设立了一个新的竞赛项目——马拉松。

人类的精神交流是多方面的，

包括文化、思想、政治、道德、法律、宗教等，这些都属于社会关系。人的发展需要社会。人一旦离开社会就不再是人了，例如狼孩：村子里丢了一个婴儿，是被一条母狼叼走的，这条母狼出于母爱不但没有吃掉孩子，反而用自己的奶水把孩子养大了。但是，由于孩子离开了人类社会，他不会说话，只会像狼一样嚎叫，不会走路，只会爬行，不会吃饭，只吃森林里的野果和昆虫，他只有人类的身体而没有人类的智慧头脑，没有会制造工具的双手，因而我们根本不能称其为人。由此可见，人类本身是具有社会性的，人的成长离不开社会，反之社会的发展同样也离不开人类。

人们从原始社会进入农业社会，发明了造纸、活字印刷术，于是出现了纸质的书本。进入工业社会后，聪明的人类逐步发明了照相机、电话、电报、广播，直至今天的电视、电脑、手机、卫星通讯等，这一切设计应当属于传达设计、精神装备范畴。

三、社会与自然之间

原始社会时，群居在洞穴里的人类组成了社会。后来在农业社会有了家庭便有了单独的房子即农舍，进入工业社会后人们逐步需要在大自然里创造优美的生存空间和良好的自然环境，于是庄园、别墅、花园纷纷产生了。城市需要进行规划设计，城市雕塑、街心花园的设计，花草的摆放，这一切仍然要与大自然产生联系，即社会与自然之间需要有环境设计，包括建筑设计、室内装饰设计、花园设计、景观设计、轨道交通设计等，这些综合起来就应当属于环境装备范畴。

以上我们将构成世界的三大要素：人类、大自然和社会这三者之

间的关系所产生的设计做了大致的分类，这种分类的方法可以说已经囊括了一切设计。

第二节　服装设计的概念

设计和绘画不同，设计必须制造出实用而且美观的物品，只能画出设计图而制造不出来是不行的。什么是服装设计呢？当我们有了某种服装的需求，进入海阔天空的构想，画出自己设想的服装款式之后，是否就完成了设计任务？肯定地说还没有。因为你设计的服装款式究竟能否制作出来？做出来能否穿着合适？这一切都还是个未知数，而这一切应当是设计师所回答的。所以，设计师必须将设计图变成实物，经过模特试穿，不合适还得反复修改，直到满意为止。

在这个过程中，设计师首先需要根据设计意图选择面料、辅料，此时很可能所需的面料色彩或面料质地找不到，那么只能在尽可能符合设计要求的基础上更换面料，面料的更换意味着设计图必须做相应的改变；在进

图2-2　添加了尺寸的平面款式图和强调面料肌理的设计效果图

图2-3 服装既是物质文化的产物又是精神文化的产物

入制衣阶段后，有些环节很可能又需要设计师给予小变动的配合，这样，设计图又要有所变动。如此说来，服装设计就不仅仅是画出设计图就完成任务了，还应包括许多其他相关的工作，也就是说，服装设计的内涵与外延应当既包括服装款式设计，还包含着结构设计、裁剪和缝制工艺设计这三大部分在内（图2-2）。

现在我们回答服装设计的概念：将服装款式的设想变成服装成品的整个思维过程就是服装设计的全部内容。即从开始构思、画设计图，到选择面料、裁剪、样衣试制，直到制作出美观、实用的服装成品为止，这一过程的全部思维活动称为服装设计。

那么，服装设计是艺术还是科学？是物质文化还是精神文化？它在设计领域处于什么位置呢？

第三节　服装设计的属性

在"人类、社会、自然"的三角关系中，服装似乎应当属于工具装备范畴，因为它是物质文化产品，人们首先是为了遮羞、御寒而发明了衣服。但是当我们能从服装的款式和色彩认出这是哪个行业的工作人员时，这种服装也就是制服，它传达了某种信息。例如：看到穿着白色长衫的人我们知道他是医生或者护士，穿着深绿色制服的人我们知道他是邮电局的工作人员等。从这一点来说，服装也是精神产品，它能传达某种信息，能愉悦身心、传达情感，更是和精神文化脱离不了关系（图2-3、图2-4）。同时，服装在美化生活、装点环境方面也起着不可忽视的作用，一座现代化的城市是离不开人们的时尚穿着的，设想在今天的北、上、广，人们都还穿着蓝、黑、灰老三色的中山装和对襟衫，那是多么不可思议、不谐调；而在海南热带、亚热带的三亚旅游度假，面对蔚蓝色大海自然要穿着鲜艳、亮丽的薄纱裙装，如此才能与周边环境相互协调。从这个意义上说，服装也可以属于环境装备范畴。

图2-4 服装既是物质文化的产物又是精神文化的产物

服装是物质文化的产物，是商品，服装经过设计、裁剪、缝制出来后，必须卖给消费者才算完成了它的使命。为此，服装设计师必须了解市场、了解消费对象的需求，懂得服装的第一特性是实用，而实用的意义就在于设计出来的服装应当易穿易脱、便于行动、适合于某种场合并能满足消费者的要求。

服装又是精神文化的产物，是实用艺术品。它是随着世界时尚的步伐和艺术潮流经常变化的，这样，设计师还需不断收集世界流行趋势的情报和信息，不断收集和丰富创作素材，如此才能创造出愉悦人类精神的好作品。

从以上分析得出结论，服装设计是介于工具装备、精神装备与环境装备之间的边缘学科，它既是物质文化也是精神文化，既有艺术的元素也有科学的成分。服装设计是精神文明与物质文明之间的一座桥梁，通过设计师的观念和生产者的双手，精神中的美才能物化到现实的产品之中。

第三章　服装的美学特征与服装设计师的素养

在服装设计这个专门行业没有诞生之前，做衣服是裁缝和家庭妇女的事，那时设计和手工技术并没有分家，一个人就能完成全部工作。这从另一个角度说明，服装这一行的门槛还是比较低的，它不是高科技，没有特别深奥之处，不用经过专门训练，一般大众也能掌握。那么为什么还要在大学设立服装专业来专门培养设计师呢？要回答这个问题得从分析服装的美学特征入手。

第一节　服装的美学特征

服装是十分具体的与大众生活紧密相连的物品，从外表看有着材料色质美、缝制工艺美和式样造型美这些最为直观的外在表现，这显然具有容易被大众所掌握和理解的"通俗"的一面。这也是不少没学过此专业的人会做衣服的原因之一，不管是农村还是城市，小裁缝店比比皆是。分析他们做的这类大众所需的服装，可以找到以下特点：

1. 静态的

在一般人看来，衣服是静态的物品，各种静态的衣服款式在许多画报、书刊上都能找到。人们可以凭着自己的审美能力，选择自认为美的款式裁剪缝制。

2. 和谐的

一般人都知道，和谐的东西是美的，衣服的形式如果是和谐的，就容易被消费者所接受。

3. 必然的

做衣服要受到一些条件的限制，如必须考虑穿着者的身材、年龄、性别的不同，在裁剪方法、缝制工艺、面料选择等方面均不相同，稍有这方面知识的人都必然会考虑这些因素，不去违背这些规律，作出符合必然规律的服装。

以上三点说明，没有经过专门训练的人缝制出的衣服是静态的、和谐的、必然的形式，这些特点我们从市场上大批成衣之中都能看到。但是，真正能推动服装业发展、满足人们对时尚化、个性化要求的服装是不能停留在这一

层面的，它必须在此基础上有所超越，即：将静态的变为动态的形式，和谐的变为有机的形式，必然的变为自由的高级形式。

1. 静态的→动态的形式

当衣服挂在墙上、放在橱内，或者印到书中变成图片，它自己是不能移动的，从这点来看它是静态的。然而衣服不是壁挂，它必须从墙上下来走入人的生活。当衣服穿在人身上之后，不仅仅是能用，而且必须具有合体性、舒适性、立体性、时尚性和个性，这样便会令人感到它是活的、有生命力的动态的新形式。

2. 和谐的→有机的形式

传统美学告诉我们，形式美的最高要求是和谐。一般裁缝会认为，和谐就是处处协调一致，于是做出的衣服可能四平八稳，没有什么变化。在我们的生活中，处于这种和谐状态的其他产品也是相当多的，比如世界各国的第一代台式电脑，色彩、造型就基本一致、和谐，但毫无变化。然而，有机的和谐是在服装设计中更多的加入对比、变化，并使其达到多样性的统一，是在不协调之中求得和谐，这种和谐就升华到了有机的形式。图3－1中的两款服装面料相同，但A款的设计注入了变化：袖子改为小灯笼袖，并采用了相同色彩的蕾丝，使面料产生了对比，裙子采用了斜裁法，增加了动感，这样对照便能明显地看出B款是和谐的，A款便是增加了变化的有机形式。

3. 必然的→自由的形式

衣服的必然形式是十分普遍的，两个前身片、一个后身片，两只袖子、一个领子组合起来就是一件衣服，这是合情合理的，也是必然的。然而，动态的、有机的服装形式应当是自由的，有生命力的。服装大师的设计是一种创造，对于创造来讲，必然的形式都是能够预知的，而自由的形式有的介于可预知与不可预知之间，有的是不可预知。因为服装大师的设计已经成为了一种艺术创造，从有了方案之后就要不断地寻找未知数，反复试验，反复修订，整个设计过程都在探求，直到衣服制作出来，可能还

A.和谐的形式　　　　　　B.有机的形式

图3-1　服装的美学特征

A.必然的形式　　　　　　B.自由的形式

图3-2　服装的美学特征

在修改。有时成品出来十分理想，却和原来预想的已经南辕北辙，这就是达到了一种从必然王国到自由王国的不可预知性。图3-2中的两款服装也是采用了相同的面料，但A款的裙子是大众常见的四片裙，一般裁缝都必然会这样裁剪，而B款的连衣裙则巧妙地将面料进行弧线形裁剪，穿在身上的效果别有一番风采，裙子自由飘逸，裙摆长短不一，这是A款无法达到的自由形式效果。

以上图例只是一种示意说明，是最基本的转变形式。这一切转变只有真正的优秀设计师才能予以实现，因为这样的设计师具备民间裁缝所欠缺的各种素质和专业知识，而这种设计师恰恰又是国家服装事业奇缺的人才，这就是我们需要在大学培养设计师的真正原因。

诚然，设计师队伍也有不同层次之分，在金字塔最高一层的少数设计师，属于最有创造力的天才，例如当今高级时装设计师：约翰·加利亚诺、让·保罗·戈蒂埃、亚历山大·麦克奎恩等。他们的设计理念被其他设计师所追随、模仿，是可以带动世界时装潮流的人物；中间一层属于最具影响力的创造性分析家，他们分析天才们的创新与首创，并从逝去的潮流和当代的文化中，吸取最有益的部分融入自己的品牌之中；最下层的也是最大量的设计师，是密切关注潮流和对流行进行加工处理的人，他们按照本

公司的价位结构，对流行各取所需地重新进行组合编排。尽管如此，这中间的所有设计师，包括天才们都应当具有以下将要叙述的道德素养、艺术素养、文化素养、专业素养和较好的心理素质，否则就不能称为服装设计师。

第二节　服装设计师的素养

我国的服装业在实施改革开放政策后，产生了翻天覆地的变化，短短几年就跃入世界服装出口大国和服装生产大国的首位。随着经济全球化的形势变化，国内人们的着装也彻底告别了"大一统"的时代，呈现出五彩缤纷、琳琅满目的景观。然而，不容乐观的是，这种进步只是纵向与自己的过去相比，横向和发达国家对照，我们的差距还相当大。我国人民穿着西式服装的历史本来就不长，对于西式服装的文化基本是从头学起，因此发展至今，我们的服装业无论是资本、品牌，还是设计、营销，都还极为缺乏国际竞争力。多年来，年轻设计师面对着经济高潮和市场竞争对服装设计的需求浪潮，在没有充分的思想认识和业务准备的情况下仓促上马，导致出现了穷于应付的局面，这样服装就更难有发展的机会，这无疑是设计力量和设计水平显得十分薄弱的原因之一。时代的飞速发展告诉

我们，今后的国际竞争形势将更加激烈，要想立于不败之地，关键之一是提高设计水平。为此，我们的设计师必须全面加强素质和能力的培养，争取尽快地走出服装低谷，进而使我国服装走向国际。

从字面上看，素养不外乎是素质、修养的意思。现代设计师的素养应当包含道德素养、艺术素养、文化专业知识素养和心理素养几个方面，下面我们分别加以叙述。

一、道德素养

要想做一名真正合格的设计师，首先需要学会做一个高尚的人，也就是要有道德方面的修养和素质。道德是指理想的人格和立身的行为准则，它有人品道德与职业道德之分。现代的设计师，在人品上应当谦虚谨慎、不骄不躁，虚心好学，并且还要有良好的协作精神、团队精神和奉献精神。

在职业道德上应该恪尽职守、敬业为上，对事业执着，并能正确看待名和利，使个人的名和利服从企业的利益，不能把企业当作自己成名的跳板，要以出色的工作成绩为企业争得产品的高附加值和高效益；要明确认识到设计师在企业中的任务并摆正自己的位置，要懂得虽然设计环节对于服装很重要，可以说是产品的灵魂，但不是整个企业的灵魂，设计师要为企业获取利润，为消费者服务；最后还要正确认识到自己的价值，市场才是设计师的真正舞台，作为一名服装设计师首先要得到消费者的承认，这才是服装设计走向国际市场的第一步。

二、艺术素养

现代的服装设计师与民间裁缝最大的区别，就在于是否具备艺术素养。高度而全面的艺术素养是创造力的基础，也是合格设计师所必备的素质。看一个人是否有作设计师的潜能，首先看他是否有美感，所谓美感就是一个人对客观现实在艺术中的反映进行鉴赏、评价时的各种情感。法国艺术理论家迈耶说过："要创造出令人满意而又在审美上受欢迎的作品，还需要天资、直觉和才智。"他说的天资就是我们所指的美感。

人的美感取决于人对事物美的形式的感受，也取决于人对事物美的内容的领会和赋予的情感。如同样是面对江南水乡的旧民居，画家和居住其中的居民很可能就有不同的感受。画家从艺术层面着眼，感到它的粉墙黛瓦形式很美，尽管墙皮已经剥落甚至发霉，但是它在水中的倒影依旧令人激动，立即选景铺纸作画，甚至希望作为文化遗产一直保留下去。而旧民居中的居民却感到它阴暗潮湿、破旧不堪，没有什么美的地方，想尽早地搬出去。

美感虽然与天赋、天资不无关系，但主要是依靠后天的培养，这就涉及丰富自己的生活内容以及提高艺术修养的问题。设计师要使自己具备一双能从别人司空见惯的事物中发现出美的眼睛；具备一双有思想有灵魂的手，就要不断地涉猎各种艺术门类，学会触类旁通，经常分析美的事物，接触高雅艺术和环境，提高自己的欣赏和鉴别能力，并从中汲取创作灵感。没有艺术修养就不会有美感，没有美感的人是做不了设计师的。

阿尔及利亚设计师伊夫·圣·洛朗，据说是一个个性不稳定、极端神经质的人，但却极有想象力，这和他的业余爱好是分不开的。他爱好绘画艺术和收藏名画，他的合伙人——服装经营学的超人皮尔·贝尔杰就把他带到自己广泛的艺术朋友圈中，有画家、作家、诗人、剧作家、导演等，伊夫·圣·洛朗的寓所挂满了布雷克、蒙德里安、毕加索、马蒂斯的名家之作，这极大地开阔了他的眼界，扩展了他的想象力（图3-3）。

对其他门类的艺术，设计师需要带着艺术家的眼光来

图3-3 伊夫·圣·洛朗设计的服装

观赏，如看电影、电视，要注意用分析的眼光看其中的服装艺术，在不同的场合、不同的环境、不同的目的下服装、配饰的色彩、款式、材料的变化，摄影时服装的光线、色彩、空间感等。而把观赏故事情节放到次要位置。

三、文化素养

由于服装设计是一种介于人文、社会、自然等科学之间的边缘学科，所涉及的文化知识相当多，包括人文科学中的哲学、文化人类学、艺术学、美学、伦理学等；社会科学中的艺术史、社会心理学、艺术社会学、人际关系学等；自然科学中的人体解剖学、材料学、环境生态学、人体工程学等。服装设计师只有广泛接触这些学科知识，博

览群书，丰富自己的文化内涵，才能激发设计潜能，不断提高设计水平。

此外，设计师的工作必须与他人直接或间接地沟通，如运用语言文字表达设计作品的主题、构思、灵感来源、技术要领、注意事项等，因此培养设计师良好的社交能力、表达能力（包括文字、语言两方面）是十分重要的。设计师只有鲜明、准确、生动地把自己设计的作品意图表达出来了，才能使自己的设计富有竞争力。目前，在加入世界贸易组织之后，设计师学外语的热潮高涨，这是件好事，但应避免对本国语言文字能力的忽视。学外语应当建立在学好中文的基础上，而我们现在有些学生或设计师，拿出来的设计主题说明，常常是词不达意、条理不清，有的甚至用词晦涩、别字连篇，让人无法看懂，这种现象只

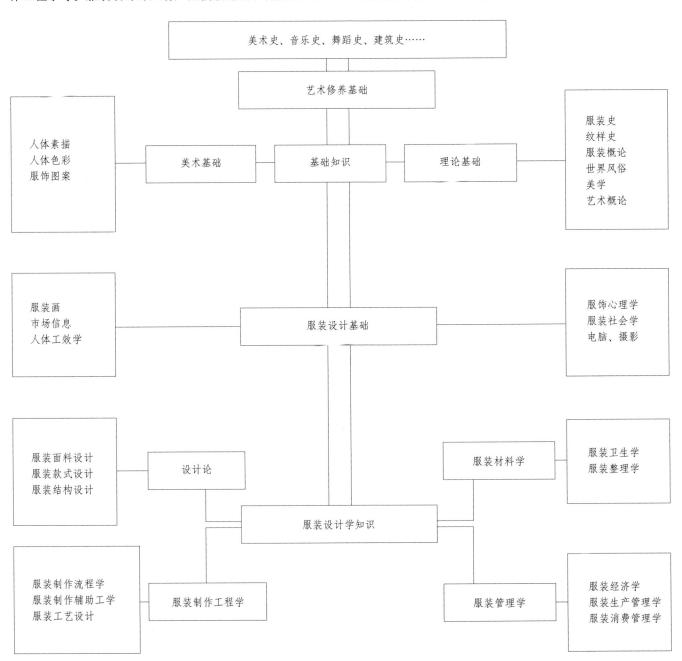

图3-4　服装设计师知识结构图

能说明设计师中文水平欠缺，必须加强驾驭语言文字和逻辑修辞能力的训练。

四、专业知识素养

目前，我国高等服装教育中设定了服装设计和服装工程两大培养方向，每个方向都安排了系统的专业课程，其中基础课程有：色彩学、造型学、服装缝纫基础、服装结构基础、艺术鉴赏等；在史论课程有：中国服装史、外国服装史、服装美学、艺术概论、技术美学、工艺美术史等；专业方面的主干课程有：服装款式设计学、服装结构设计学、服装工艺设计学、服装材料学、服装人体工程学、服装设备学等；辅助课程有：服饰配件设计学、摄影学、市场学、服装管理学、营销学等。可以说，所有教学计划中安排的课程都应该认真学好，因为这是作为一个设计师最基本的训练课程，也是必须掌握的专业知识（图3-4）。

这里我们将各门课程的属性列表如上：

面临如此庞大的学习系统，学习者必须有一个良好的学习方法，才能抓住重点各个击破。要为自己设定一个奋斗目标，每天仔细安排时间，制订学习计划，然后一步一步地努力。人们说，世界上最公正的莫过于时间了，不管是谁，每天都能得到24小时。尽管时间是那样公正，为什么人们的成绩和差异却参差不齐呢？也许有人想到了天才问题，认为自己天生就没有这个本事。我们说天才是有的，但对于正常人来说，其实天赋是微乎其微的。马克思说过：搬运夫和哲学家的原始差别，要比野犬和家犬之间的差别小得多。爱因斯坦已将原因找出来了，他说：人的

图3-5　皮尔·卡丹设计的服装

图3-6　亚历山大·麦克奎恩设计的服装

差异在于业余时间。业余时间相对于从业时间，在从业时间中，时间、条件、机遇相等，只要一起努力就形成不了大的差异。但业余时间就不同了，由于个人对这段时间的处理不同，就导致人与人之间的差异必然产生。因此，充分利用好业余、课余时间，珍惜分分秒秒和稍纵即逝的学习机会，应当是每个人成功与否的关键。

不少人仅仅看到设计师头上的光环，人们给予的鲜花、掌声和媒体的频频亮相，却不知他们都走过了艰辛的奋斗历程。朗万《lanvin》的首席设计师艾巴兹（Elbaz）对记者说过这样一句话："做设计师不是想象中的那么辉煌和伟大，这个职业包含了很多的艰辛和勤奋的劳动。"世界上的著名服装大师其成长过程都说明了这一点：法国服装设计师皮尔·卡丹是学徒出身，年轻时曾先后到过四个时装店做助手，孜孜不倦学习大师们的经验，当别人问起他如何成功时，他总是说："我就是从一针一线做起的。"恩格罗曾在名师巴伦夏加公司的男裤假缝部边干边学，一干就是六年！这期间他如饥似渴地学习，得到了巴伦夏加成功的全部真经。当今年轻人都很崇拜的英国设计师亚历山大·麦克奎恩，十六岁就做学徒，经过多年的磨砺，终于推出众人赞赏的高级时装，被舆论界公认为不折不扣的服装设计大师（图3-5、图3-6）。

这样的例子不胜枚举，服装设计师要想让自己成功，就要不断学习前辈们踏实、执着的敬业精神，刻苦钻研的

学习态度，而且还要不受社会上浮躁风气的影响，能静下心来，脚踏实地做实事，一步一个脚印地前进。

五、心理素质

合格的设计师不仅要有以上知识与修养，而且还要有良好的心理素质，包括健康的心态、坚强的意志、优良的品德、崇高的理想、浓厚的兴趣和良好的合作精神等非智力因素，以及在成功面前不张狂，时刻想到自己的不足；失败了不气馁，从自我找到原因后坚韧不拔、继续努力的精神。服装设计师在企业里善于与别人合作是极为重要的，因为设计只是企业循环大生产中的一个环节，它不能独立于企业之外，需要与相关的各个部门进行交流与合作，特别是与原材料供应部门、工艺技术部门以及销售部门的交流与合作显得尤为重要。设计师若没有合作精神，是无法真正完成设计任务的，即使自认为完成了，也只能是纸上谈兵，对企业毫无意义。98届"中国十佳时装设计师"陈闻曾说："设计师的工作是全面的。首先图要画好，这是作为现代设计师的一大优势，通过图这一形式可以充分将设计意图传达出来。而单纯能画图还远远不够，

最缺乏的可能是对面料的了解。设计师要掌握面料的基本情况，包括从纤维到织造、后整理，面料的来源，新面料的信息、性能、幅宽、价格、货期等。面料的比较和选择靠的是设计师的知识和眼光，经验和信息。"

制作过程也很重要，刚刚毕业的学生还体会不到做设计的艰难，他们对设计师工作的了解还是很模糊的，所以初做设计经常想得不周到。可以说如果不了解工艺制作，设计师是很难实现设计意图的，甚至会把设计出来的衣服制作得不伦不类。从灵感到产品再到市场，整个环节都需要设计师参与，只是有些工作是主要的，有些工作是相关联的。

设计师的工作不是独立的个体行为，它需要与各部门之间沟通、配合。设计工作就像一个枢纽，发出与反馈的信息都在这里集中，作为设计师是要有清晰的思路协调好各项工作。设计师不仅需要优秀的专业知识，更重要的是还要有敬业精神以及踏实工作、不断学习的精神，这样才能做到每个时期都有不同的收获。

以上这些因素在设计师的成长中，起着导向、鞭策、定型与提高的作用，决定着服装设计师的层次和水平。

在服装设计发展的一个半世纪中，社会的进步、科学技术的日新月异，使人类的生活方式大大改变，服装种类也随之有所改变。现在与旧时代最大的不同是妇女有了社会地位和经济地位，她们可以和男人一样，以主人翁的姿态出入各种职场和社交场合，参与各类体育健身、休闲娱乐的活动。于是服装就随着人们的需求，有了礼服、休闲服、职业服、运动服等新的分类。

第一节　礼服

礼服是在正规的社交场合穿着的服装，一般有正式、半正式之分，但是界限并不十分严格，只是以场合的隆重程度来划分。而礼服真正最大的区别则是根据时间的不同，划分为日间礼服与夜间礼服两种。

一、日间礼服

日间礼服是白天出席各种社交场合，如拜访贵客、参加签约仪式或宴会、出席婚礼等所应穿着的服装。

白天，室内外光线充足，此时传统的礼服多为不透明、无强烈反光的羊毛、丝绸或混纺的面料制作而成；款式多由传统审美观念支配，男士穿黑色西服套装，女士穿尽量不裸露肌肤的裙套装（裙长不限）；做工精细、裁剪合体；色彩以素雅、单纯为美，而且以黑色最为正规，因为在高规格的商务洽谈会、国家宴会、正式典礼等隆重场合，黑色最能表现庄重、自尊与大方。如果出席气氛热烈而欢快的庆典活动，此时礼服的色彩应当明快而鲜亮，并附有各式刺绣作为装饰（参见图6－6）。总之，穿着日间礼服讲究分寸感、庄重感、正式感，以展示着装者端庄、大方、高雅的气质和风度（图4－1）。

二、夜间礼服

夜间礼服是晚上6点以后参加正式社交活动，如各种正式晚会、大型舞会、音乐会、戏剧表演、晚宴、晚间婚礼等所应穿着的礼服，也称夜礼服、晚装。

夜晚，所有的活动一般都在灯光下进行，传统的夜礼服男装是由黑色燕尾服、内衬的白色双翼领衬衫、白色青果领礼服背心、白色领结组成，而现在的夜礼服男装多由黑色西服套装代替。夜礼服女装则是以袒胸露背、裸肩无袖的连衣式长裙最为正规，它常以立体裁剪的斜裁叠褶、打结造花、抽皱悬垂等形式出现。中国女性传统夜礼服是以正式的礼服性旗袍出现（即长至脚面的无袖、高开衩旗袍），面料选用高贵的天鹅绒、丝绸、绉纱、蕾丝、锦

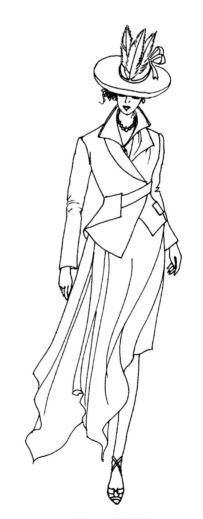

图4-1　日间礼服裙

套装非对称款式的设计为这套礼服带来了时代美感。

一、休闲服的由来

男性休闲服始于20世纪30年代中期，后来随着50年代"百慕大"短裤被大众普遍接受，加速了这种非正式着装方式的流行。女性休闲服是指20世纪30年代开始流行的、适于运动的便装—裤装。要知道，过去西方女性以穿裙子为正式的着装方式，裤子是男人的专利，因此女性穿裤装就属于休闲的着装方式。只是现代人改变了这一观念，70年代起，女性裤装也进入礼服的行列。

20世纪90年代，世界流行美式着装文化。美国人着装的随意是因为工作过度紧张，令他们喘不过气来，于是纷纷要求将上班穿着的西服休闲化，实行周一至周五工作便装日等。服装企业为了适应这一要求，设计了简洁、利落的"休闲式西服"（图4-3）。这种服装的特点是介于上班服与休闲服之间，款式比较宽松，色彩比较中性，面料不是很高档，但做工还是要求较高。它的装扮表现是：T恤

图4-2　夜间礼服
立裁褶皱结构，袒胸露背款式，裙长曳地是夜礼服的特色。

缎、塔夫绸等闪光、飘逸的素材，并装饰有珍珠亮片与精美的刺绣；色彩总的倾向是高雅、豪华、亮丽；裁剪十分合体，多用手工缝制，做工极为讲究。中国女性传统夜礼服所表现的是着装者的雍容、华贵、不凡的气质与魅力（图4-2）。

第二节　日常休闲服

与礼服相反，休闲服是一种十分随意的服装，中国过去称之为便服。美国出版的服饰词典解释休闲服说：裤子、衬衫与运动夹克衫配套穿着的，非正规场合的着装方式。

图4-3　山本耀司设计的日常休闲服

图4-4　家居休闲服

图4-5　旅游、运动休闲服

代替了白领衬衫，用于出席必要的场合；运动感强的背心领洋装与晚礼服同样优雅妩媚；拖鞋和球鞋的出现频率越来越高；玩世不恭的年轻着装态度不但得到认可，而且还成为时髦的象征。

二、休闲服的含义

"休闲"一词本身的含义是随意、不正式等，在着装上是指自由自在、任意搭配、突出个性、崇尚自然以及不表现身份倾向，偏重时代性和独创性。休闲服并不是指休闲时才穿的衣服，上班也可以穿，上班穿的休闲服称为职业休闲服。

休闲服的款式基本是上下面料不一致的裤套装、裙套装，搭配方式随意，面料一般采用水洗棉、绒布、棉针织、毛针织、混纺绒、灯芯绒等。除此之外，天然彩色棉、天丝（Tencel）、大豆蛋白纤维、牛奶纤维等面料，也都能在回归自然、提倡环保方面满足休闲服面料的要求。休闲服的色彩除了运动、旅游用的休闲服以外，用中性灰色较多，如蓝灰色、紫灰色、灰褐色、土灰色、红灰色、象牙白色等。

三、休闲服的类别

休闲服也有不同的类别，如家居休闲服、旅游休闲服、娱乐休闲服、职业休闲服以及在不同气候条件下穿着的休闲服。

1. 家居休闲服

家居休闲服是指在家中随意穿着的便服、内衣、睡衣等，其面料柔软、款式宽松、装饰多变。着装者穿着这类服装时，足下一般穿拖鞋（图4-4）。

2. 旅游休闲服

旅游休闲服是指外出旅游时穿着的、便于行动的休闲服，这类款式比正式运动服稍微合身些，一般采用富有弹性的针织类面料，色彩亮丽、对比性稍强，可外加旅游凉帽、太阳镜、旅游鞋、旅游包等服饰配件（图4-5）。

3. 娱乐休闲服

娱乐休闲服是指外出购物、逛公园、看电影、朋友聚会等场合所穿的休闲服。娱乐休闲服时尚性较强，款式合身类似时装，色彩鲜艳、华美，搭配大方、和谐，如各种款式的裙子、连衣裙、针织衫、时装裤等的相互自由搭配（图4-6、图4-7）。

图4-6 娱乐休闲服

图4-7 娱乐休闲服

图4-8 职业休闲服

4. 季候休闲服

季候休闲服是指风衣、雨衣、防晒双臂披（骑车时穿上防止阳光照射手臂）等用于适应气候变异时所穿的休闲服。

5. 职业休闲服

职业休闲服是指与传统的上下一色男西服、女士裙套装在色彩、款式、上下配套等方面有所不同的服装。例如粗花格子呢的运动式夹克衫，往往与单色面料的裤子或裙子搭配穿着，其最后的着装效果和一色的西服套装截然不同（图4-8）。

第三节 职业服

从字面上看，职业服就是从事不同工作的人上班时所穿的服装。由于工作的种类不同、性质各异，职业服也就有较大的区别。在此，我们将其分为三大类，即职业制服、职业工装、职业时装。

一、职业制服

职业制服一是指军队（海、陆、空军）、国家公职人员，如工商局、税务局、公安局、武警、邮政局、检察院、法院、铁路、航运等部门职员上班时所穿的服装。这类制服一般是由国家有关部门经过设计、招标确定款式后集体定制的，没有个人选择的余地。这种制服的特点是标识性强，一看就知道是哪个部门的，既有利于执行公务，又有利于公民监督。二是指一般服务性行业，如商场、银行、饭店等部门的工作人员，以及非服务性行业，如企业等部门的员工，上班时穿着由本单位规定的服装。这些部门的员工上班服的主要特点是可以随着时装的流行而不断注入时尚元素，是部门整体视觉形象的重要组成部分。

二、职业工装

职业工装过去被称为劳保服。职业工装也有工作服和防护服之分，一般像医院里的医务工作者，炼钢厂、化工厂的工作人员以及马路清洁工等上班时穿的服装统称为工作服；而核能研究所、传染病源体研究所等这种特殊部门的工作人员上班时必须穿防护服，以防止核辐射和传染病菌侵入人体。太空工作者所穿的服装称为特种防护服，是由特种材料制成的（图4-9、图4-10）。

三、职业时装

职业时装是一个范围较大的门类，它是介于职业装与时装之间的混合装，穿着对象多为企业的白领阶层，女装居多。职业时装和职业休闲装类似，与时装相比没有过多的装饰，外形也不像时装那样变化较大，不强调过分的裸露，也不用选太透明的面料；与职业制服相比，它又带有时装的味道，比较追随流行趋势，讲究文化品位，用料考究，做工精致，注重体现着装者的身份、地位和艺术鉴赏力。

图4-10 护士制服

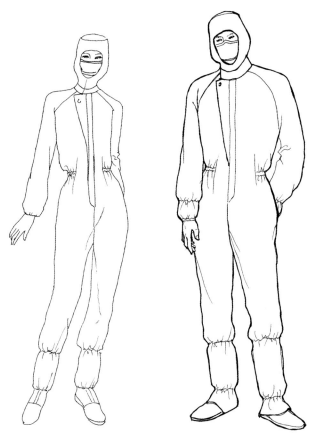

图4-9 防护制服

第四节 运动服

顾名思义，运动服就是人们在参加体育运动时所穿着的服装。体育运动项目很多，如有网球、游泳、滑冰、滑雪、足球、篮球、排球、棒球、乒乓球、橄榄球、体操等运动，可以说，每一项运动对服装都有不同的需求，于是运动服的种类就和运动项目一样繁多。当然，尽管运动服的种类很多，却有着共同的特点。

第一，必须能让运动者充分伸展四肢、尽情呼吸。

第二，面料应当吸汗、散热、易干、耐磨、穿着舒适。

第三，色彩搭配艳丽、明快、活泼（图4-11~图4-13）。

图4-11　运动服　　　　　　　　图4-12　运动服　　　　　　　　图4-13　运动服

第五章　服装设计的创造性思维

服装既属于物质文化领域，又属于精神文化范畴，它是艺术和技术的结合、是科学和艺术的融汇、是实用和审美的统一。服装除了应有的功能性之外，还具有满足人类感官需求的审美性。一部服装发展史，实际上就是服装艺术和技术的创造史。因此，服装设计是一个复杂的思维过程，这就是说，服装的艺术创造既需要形象思维又需要抽象思维，既需要想象力，又不能脱离包装人体、制作工艺这些现实条件的制约以及市场的检验。因此，作为服装设计师，首先应当具有正确的设计观——是设计而不是抄袭或一味地模仿，这就需要具有高度的想象力和创造力，能够掌握发散思维与辐合思维结合的方法；同时要懂得服装的商品性、实用性，了解抽象思维的内涵进而掌握抽象思维的方法，如此才能创造出实用而新颖的服装产品。

第一节　逻辑思维

逻辑思维也称为抽象思维，它不是以事物的形象为基础而是以客观世界的规律、共性与本质为内容的思维活动，因此逻辑思维是形象思维的基础与前提。服装设计的逻辑思维大致包括以下方面的内容：

1.人的因素

服装是为人的穿着服务的，因此，服装设计师必须首先从了解人体构造、人体比例、人体生理、心理对服装的要求进行思考，这也是服装品牌、服装设计如何定位的问题。服装的定位是多方面的，如年龄段定位、性别定位、消费层次定位、销售区域定位、服装种类定位、价格定位等。这些因素直接影响到服装设计的清晰度、精确度以及设计的品位问题，是绝对不可忽视的。

2.社会、环境因素

服装设计的社会因素包括国家的政治氛围、经济发展、文化传统等状况，熟悉这些因素之后就能进一步掌握设计的针对性。环境因素是指地理、气候等条件对服装的影响和需求，例如我国青藏高原常年气温较低，而且十分缺水交通不便，为生活在高原地区的居民设计服装和为海边居民设计服装，其款式、选料就会截然不同，深入了解地理、气候等环境因素，服装设计时才能心中有底。

3.经济实用因素

经济实用因素包括服装的成本价格、盈利核算，以及服装的功能性、舒适性等多方面。在竞争十分激烈的大环境中，降低服装的制作成本是至关重要的，设计师应将成本作为重要的思维因素，为自己的设计限定成本，然后再在这一限定下发挥自己的创造力。

4.生产因素

服装设计必须考虑后续的生产制作环节，如符合服装的工业裁剪、工业制衣规律等。成衣最终是要靠机械设备和工艺技术制作出来的，而不是画出来的，因此设计师必须从工业制衣的规律出发，让自己的设计思维自觉地接受生产因素的束缚，在这一束缚中发挥想象力，避免海阔天空不着边际的随意想象。

第二节　形象思维

形象思维是以客观事物的具体形象为主要内容的思维方式。设计师通过对客观世界的观察，将无数形象在头脑中储存起来形成表象，设计服装时再将记忆中的这些表象经过分析、选择、归纳、整理，重新组合成新的形象，这便是形象思维的全过程。设计师形象思维的水平决定于其设计观的正确与否，及其创造力的强弱和想象力的丰富程度等。

一、设计观

设计观是人类进行设计活动的指导思想，它有先进和守旧、主动和被动之别，这和每个设计工作者的思维方式有着直接的关系。我们举美国现代最杰出的设计师雷蒙德·罗维为例，来说明什么是先进的设计观。

罗维是法国巴黎人，青年时代就学于巴黎大学工程系，第一次世界大战应征入伍，战争结束后就到美国谋生。最初他在一家百货商店设计橱窗，在这期间他先进的设计观就已显现出来。他把原来陈列于橱窗内的百货全部拿掉，然后在黑丝绒背景上放一枚缓缓转动的多面玻璃球体，球体上放有一朵黄色玫瑰，再用光线照射整个多面玻璃球体，使其发出耀眼的多方折射的光彩。然后再在另一侧摆放一件贵重的狐皮大衣，一条围巾，一个漂亮的手提袋，这样橱窗设计就完成了。这样设计出来的橱窗，像一幅精彩的绘画，特别是射灯使多面的玻璃球体发出点点移动的星光，吸引着无数来往的行人纷纷进入这家百货商店，充分达到了招揽顾客的目的。罗维有一句名言："橱窗的任务不是提供一个商店售品目录，橱窗的真正任务是千方百计吸引顾客到商店里来。"由此我们看到，罗维的贡献重要的不是摆放一个商品，而是他的设计观。

"可口可乐"饮料是1912年在美国流行起来的，但它开始销路一直不好。后来由于罗维设计的深红底色上飘着醒目的白色字体，字体下面有一根流畅而又活泼的波状曲线的商标，一下子使这饮料销路畅通世界各地。罗维的"可口可乐"商标也成了占有最大数量观众的世界四大标志之一。

服装设计师先进设计观的形成，是在经验积累基础上的一个飞跃。设计是在自由与不自由之间进行的，它是不可能超越设计师已有的经验，以及所处的环境提供的客观条件和种种制约来进行的。但是，在相同的物质条件下，优秀的设计和平庸的设计却总是相伴的。它们两者的区别在于，平庸、抄袭、模仿的设计把设计仅仅看作产品的表面装饰，对产品的功能、结构和造型则极少研究，这类设计的作者认为服装上的装饰越多越好，市场上的许多服装就是在他们这种平庸设计观的指导下设计出来的；而优秀的设计有想象和创造的自由，因而设计师在设计的过程中也就完成了由量的积累到质的飞跃。由此可见，想象力和创造力在设计师的设计过程中的重要意义。

二、创造力

人类之所以不同于其他动物，就在于人有创造力。创造力也即原创力，是指独创性、开创性的劳动能力。英文的Design 从字面上解释就是设想与计划。设想指人类对自己所从事的实践活动的预期目的和结果的认识和假想，计划则是为达到一定的目的而打算采取的方法和步骤。所以，设计是人类依照自己的要求，改造客观世界自觉的创造性劳动过程的第一步，也是人类以自己时代所获取的经验为基础，把创造新事物的活动推向前所未有的新阶段的一种高级思维活动。因此，想象力、创造

力是最重要的设计基础。

对于服装来说，原创意识不仅在款式设计时需要，而且应当贯穿在服装成型的各个环节甚至始终。它包含了面料设计、款式构思设计、结构设计以及缝制工艺设计等一度创作，还包括着装装扮、走台设计，展示音乐设计、舞台美术设计等二度创作。这里任何环节的创新设计师都不可忽视，否则所设计的作品价值就会大打折扣。

服装设计师要想提高服装艺术的原创力，必须老老实实向古、今、中、外优秀的服装艺术、其他方面的艺术成果以及前人的艺术实践经验学习，使自己能对各种艺术触类旁通，甚至融会贯通，这就是培养自己的艺术通感；同时还要不断地在实践中开阔眼界、提高素养，丰富艺术的想象力，提高艺术的鉴赏力和创新能力；设计师需要具备文化的眼光，深刻认识、努力把握弘扬本民族的文化精神、民族艺术特色以及文化艺术创新的当代价值和未来意义；需要具备艺术的眼光，学会站在东西方传统艺术大师的肩膀上，大胆吸收、融合不同民族艺术的特长，努力创造新的服装艺术语言和风格；还需要具备技术的眼光，学会掌握高难度的制衣技巧，在采用新技术的同时，充分展开想象的翅膀，不断突破原有的藩篱，以完善新的艺术境界；当然也需要具备市场和经营的眼光，善于了解、掌握和引导中国百姓市场消费的着眼点以及审美关注点。

人的创造力原本只是一种潜能，要靠后天的培养将其调动出来，如果一个人没有一个好的成长环境，又不接受教育和训练，这种潜能就会被埋没。

人的创造力首先表现在接受任务后能产生一种激情和活力，能积极、主动地投入完成任务的活动中；紧接着表现为，善于运用开发性思维产生出许多新的、有创造性的设计方案；最后表现为，能将开发性思维引向闭合思维，即把开发出的多种方案列出优缺点，并使其优点结合起来，归结出一个创造性方案。这一创造力的三部曲中，最重要也是最困难的，就是运用开发性思维构思出众多创新方案。美国BBDO广告公司副总裁兼心理学家奥斯本博士，曾发明"头脑风暴法"为新产品设计提出了以下问题：

1. 目前的产品，稍加改变，能有新的用途吗？
2. 能否借用别的经验或发明？
3. 能否对其加以改变，如改变色彩、形式等？
4. 能否增加一些东西？
5. 能否采用代用品？
6. 能否相互替换？
7. 能否把某些东西颠倒过来？
8. 能否进行组合？

头脑风暴法是一种创造性设计思维互动的组织形式，即运用风暴似的思潮以解决问题。一组人员运用开会的方式，不受约束的自由思考，相互启发出主意、想办法，最后将大家出的主意聚集起来找出最佳方案。这也就是集思广益解决问题的方法。

问号对勤于思考的人来说，是开启任何一门学问的钥匙，它就像一个钩子，可以勾出很多问题的答案，一个人倘若头脑中没有问号，即使能够进入知识的宝库，也会空手而归。法国作家巴尔扎克曾经说过："打开一切科学的钥匙毫无异议地是问号，我们大部分的伟大发现都应归功于'怎么样'，而生活的智慧大概就在于逢事就问个'为什么'"。所以，一定要养成思考和疑问的习惯，不要被前人和权威所吓倒，经常在自己的头脑中提出问题。头脑风暴法就是让大家放开思想，不拘一格的多提问题。一方面分析前人的设计成果，找出合理因素加以运用，另一方面在前人设计成果的基础上，寻找新的设计思路。

亚里士多德曾经说过："思维自疑问和惊奇始"。有疑才有问，有疑问才能激起求知欲和创造欲，而创造需要开发性思维，开发性思维所依靠的，就是人们常说的丰富的想象力。

三、想象力

想象力实际就是形象思维的能力，设计师借助想象可以看到未来的设计结果，不过不是用眼睛看，而是用大脑来"看"。 设计服装，首先应在原有产品的基础上进行形象设计思维，设想它经过变形、组合、分解等方式，能产生什么样的新整体外形，然后构思其内部结构。这种在大脑里构思、想象出来的形象，也被称为"心理模型"，因为它只在设计师的脑子里，并没有在现实中。

在建筑中发挥想象力的典型例子，要数美国世贸大厦世界性招标方案中王开方的方案了。2002年9月主办方从数以千计的方案中选出100多个优秀者，但是还没有一个能够打动纽约市民。因为纽约市民要求一幢既能打动眼睛又有创意精神的世贸大厦。于是，创意成为来自世界各地设计师头脑中的第一元素，为了追求创意，设计师几乎动用了所有可以动用的元素，提出了许多全新的建筑设计理念。有的将双子塔设计成火苗状、水滴状、螺旋状，有的人则将双子塔设计成藤枝缠绕状，双楼顶端捧着圆球状等。其中王开方的设计方案是中国大陆唯一入选的优秀作品。

要让设计方案满足市民、政府以及商业的多方需要是很难的。王开方苦思冥想了很长时间，一天夜里他看着海，不抽烟的他竟拿起一支烟，看着烟雾在手指间环绕，灵感突然来了，他觉得自己的手势就可以是一个创意，于是，他以一个我们最熟悉、最乐观的手势"V"为基础进行设计，这样世贸大楼的雏形便产生了。

通过这个例子说明想象力可以无限开阔，但是设计师一定要有生活基础、有联想力，同时需要有丰富的知识作为后盾。灵感是可以随时来到的，不过要及时抓住，否则它将稍纵即逝。

服装设计的想象力是多方面的，概括起来可以归纳为以下几点：

（1）空间艺术的想象力：服装是一个立体产品，服装设计师必须重视其凹凸的艺术效果，即重视立体效果，同时还要注意前、后、左、右各个方向的不同设计效果，使其展示出形体的流动韵律和节奏感染力。

（2）技术美学的想象力：从结构设计、裁剪技巧、工艺制作中发掘新的想象，创造新的形象。

（3）环境美学的想象力：让服装设计能适应人类生存的各种不同环境，既充分发挥服装的功能，又使环境得到相应的美化。

（4）形体美学领域的想象力：设计师要真正懂得服装对于人体的功能之一就是美化人的形体，要尽可能地使自己的设计满足不同形体的顾客之消费心理。

四、生活在表象里

服装设计是产生新款式的设计，这种新款式说白了，其实就是对现实世界已有的艺术元素、服装元素通过想象、联想，重新打散、加工改造的结果。这些艺术和服装元素存在于设计师的头脑里。设计师必须生活在这些表象中，因为头脑中的表象越多，想象力就越丰富，越能快速设计出好的作品。那么，怎样才能使自己的头脑里像一个博物馆那样存有无数的表象呢？

1.培养自己的鉴赏力和美感

培养自己的鉴赏力和美感是服装设计师必须首先解决的问题。一个对美的现象、美的事物毫无感觉的人，是无法成为真正的服装设计师的。设计师要努力培养自己的美感，这可以经常观赏国内外各种艺术品，如绘画、雕塑、建筑、纺织品、瓷器、工艺品等，分析它们究竟美在何处，艺术形式美是怎样体现的，有哪些优缺点等； 经常翻阅国外时装杂志，观看发达国家的电视、电影或经常到名品店观赏名牌时装，分析它们的用料、结构与款式特征，研究其服饰用品是怎样与时装呼应的，总结出其每个季节产品的流行细节、与其他品牌的不同之处，有何优缺点等等。俗话说：功夫不负有心人，只要用心，你的鉴赏力和美感就一定会得到极大的提高。

2. 做一个服装艺术的有心人

德国古典哲学家黑格尔在他的《美学》第一卷中告诉我们："艺术家创作所依靠的是生活的富裕，而不是抽象的普泛观念上的富裕。在艺术里不像在哲学里，创造的材料不是思想而是现实的外在形象。所以艺术家必须置身于这种材料里，跟它建立亲密的关系；他应当看得多、听得多，而且记得多。"黑格尔所说的生活的富裕当然不是指金钱多、物质多，而是指在艺术创作时的材料多，而这些材料完全是依靠艺术家在生活中作为一个有心人，通过视觉和听觉，不断地收集而得来的。

作为热爱服装设计的初学者，要懂得"厚积薄发"的道理，养成收集材料的习惯，使自己能从别人司空见惯的事物中发现美的东西。例如看欧美电视剧时，别人看的是剧中情节，你可以注意电视剧讲述的故事年代、历史背景，观察不同场合的各种装扮的配色、选料以及款式的变化，从中寻找西方人的着装规律，同时学习他们的设计经验；上街购物时注意观察人们的衣着打扮，总结出本地区不同年龄、不同职业的女性对服装的喜爱和追求。初学者还要充分利用业余时间到学校、公共图书馆博览群书，收集相关的资料与素材等。待到比如参加设计大赛或撰写文章时，由于手头的资料比较丰富，就可以根据需要选取其中的某一部分来加以改造运用。

3. 记忆与记录、整理同时并举

黑格尔说"看得多、听得多、记得多"，就是说不仅是看了、听了，还要记。这个记一是记忆，二是记录。记忆是将材料作为表象记在脑子里，这是十分需要的。然而，有些资料时间长了可能就会被遗忘，因此需要用笔画出来或写下来，这就是记录。

每个艺术家都应有自己的形象资料本，用来记录所看到的形象；还有文字资料本，用来做好文章、好书的学习笔记。作为学习服装设计的大学生，这两个资料本自然是必不可少的，这样大学四年下来收集的资料便可积少成多、聚沙成塔，真到用时得心应手、极为便利。当然，有了各种资料的积累、记录，还应不断地整理，整理的过程也是再一次学习和消化的过程，这样，学习者就能把收集来的资料真正变成自己的知识。

第三节　发散思维与辐合思维

发散思维又称求异思维，是创造性思维的主要成分，强调的是放开思路。辐合思维是将发散思维的结果作一个综合分析，最后保留一个符合需要的创新方案。也可以说发散思维是提出问题，辐合思维是解决问题。

图5-1　原型加法实例
改变面料的表现形式，使其在原型基础上复杂化。

一、发散思维

以大脑作为思维的中心点，四周是无穷大且任你想象的立体思维空间，你应当突破常规、克服心理定势，举一反三、触类旁通，把思路向外扩散，形成一个发散的网络，从多方面、多角度、多层次进行思维，将自己头脑中的记忆表象加以拆分、解构、重组、取舍，形成新的思维焦点，从而产生新的服装设计思路。以下我们列举发散思维的加减法、逆向法、组合法、变更法、联想法供参考。

（1）加减法：对原型简化或复杂化的一种方法。

如图5-1中的服装这是将原型复杂化的方法。服装原型是一件简单的无领上衣，经过复杂化设计，将整件衣服的两块面料改为条状反斜向折叠连缀缝合的方法，使白条面料在下，上面覆盖着印有小白圈纹样的藏青色条装面料，这样原本极为单调的原型立刻增加了层次变化，同时也赋予了服装构思的趣味性。

图5-2中的服装是在用料、色彩、款式等方面对原型的加法构思设计。上衣的左右前片面料、色彩各异，两肩分别加了多层荷叶边。两条裤腿的设计也不相同，右裤腿相比左裤腿点缀了许多长短不一的缎带绸条。从整体上看，原型的加法设计增加了服装的妩媚、天真和田园情调。

图5-2　原型加法实例
在原型上增加面料的变化。

图5-3　原型加法实例
裙子面料复杂化，同时增加情趣感。

图5-4　原型减法实例
在原型上减少面料。

图5-3中的时装也是在原型基础上的加法设计。这是一件低V领土黄色薄纱贴身连衣裙，设计师在裙下方面料上，有规律地缝缀了多层浅灰色菱形小块纱料，这使原本简洁的连衣裙复杂化了，着装者走动起来，多层小块纱料上、下、左、右飘动，使整件衣裙看起来很有一番灵动意味。

图5-4中的服装是运用原型减法设计的实例。设计师将上衣的右胸部分减掉露出乳房，下摆上提露出肚脐，吊带采用皮质面料和金属环相连。这一设计加上模特棒球运动员的装扮，使服装陡然增添了强烈的粗犷感。

（2）极限法：将对象极度夸张，使其达到极限。如采用大的更大小的更小、长的更长短的更短、厚的更厚薄的更薄、粗的更粗细的更细、宽的更宽窄的更窄、松的更松紧的更紧等变形手法在面料、造型中的变化极限，以及冷的更冷暖的更暖、明的更明暗的更暗等在色彩中的变化极限，形成服装设计的强烈的形式美对比。

图5-5中的服装表现了长与短、精致与破碎的极限对比。多节裙的前片超短，后片却长至曳地；上身的棒针针织衫不但粗犷，而且有不规则的撕裂破洞，下身的节裙却是滑爽的丝绸，显得分外精美。这种设计理念使原本单一的铁灰色上下装产生了戏剧性的变化。

图5-6中的服装是运用破到极限的设计手法。设计师从乞丐的破衣烂衫中得到灵感，在服装设计时用珍珠、彩石、绉纱和绳

图5-5　极限法实例
裙子的长短极限，上衣的破洞与裙子的精致极限。

图5-6 极限法实例
破的更破。

图5-7 极限法实例
花朵大的更大，小的更小。

带相组合，表现了现代人极端的个性化倾向。

图5-7中的白色礼服上，缀有极大和极小的白色花朵，大与小的对比毫无疑问地增加了礼服的趣味性。

（3）逆向法：原来在里面的放在外面怎样？原来在上面的放到下面怎样？原来是实用的改作装饰怎样？以至于产生左右、前后、高低、多少等相互转化的逆向思维。

图5-8中的服装就是将原来实用的拉链改为装饰用的拉链的实例，铜拉链的坚实性与薄型面料的柔软性形成了强烈对比，显示了此款时装前卫、不羁的个性。

图5-9中的礼服，将原来在颈部的翻驳领降低到腰间，斜挎至左臂，这是结构变化的绝妙设计。

（4）组合法：它包括题材方面的组合，如传统与现代、经典与前卫、东方与西方、民族与国际、夏季与冬季等打散后重新组合、复合、移动等；功能方面的组合，如衣服与帽子组合成连帽衣、袜子与内裤组合成连裤袜等；款式方面的组合：如裙子与裤子组合成裙裤等。

图5-10中的服装是东方与西方服装造型方面的结合实例。设计师将东方服装中的立领、盘扣元素，运用到了西式服装的款式之中。图5-11中的服装，现代化的西方服装造型点缀上了传统的东方纹样。图5-12中的服装，美国

图5-8 逆向思维实例
将实用功能极强的拉链作为装饰品运用。

图5-9 逆向思维实例
将翻驳领降低至腰部。

图5-10 组合法实例
中式元素组合到西式服装中。

的牛仔裤上绣着阿拉伯地区的民族纹样。图5-13中的服装，西方的礼服造型，掺和了东方的立领与装扮，以及东方人惯用的强烈对比色。这些东西方服装元素的融会、现代与传统理念

的结合实例，在历年的国际时装秀中不胜枚举，由此可知，组合法的运用是现代人设计服装的绝妙法宝。

（5）变更法：这种方法是对原有服装的某一局部加以变更，如改变

材质、改变加工方法、改变配件等的构思。

图5-14中的服装是改变服装局部材质的设计构思。黑地印有土黄条纹面料的上衣，将其左袖上部和左胸

图5-11 组合法实例
将日本式纹样设计到西式款式中，组合成时尚感极强的时装。

图5-12 组合法实例
将阿拉伯地区的民族纹样刺绣到现代牛仔裤上，形成东西元素的结合。

图5-13 组合法实例
中式立领与西式礼服的组合。

图5-14 变更法实例
上衣面料局部的改变。

图5-15 变更法实例
身体左半部面料改变成红色闪光面料。

图5-16 联想法实例
由黑天鹅联想设计制作的服装。

部的部分面料换成与裤子色彩相同的薄型材料，使得整个服装立刻令人感到十分怪异，其构思绝对奇妙。

图5-15中的服装原本十分简单的黑色手工钩花连衣裙，将身体左半部的材料变更为红色梭织闪光悬垂面料，腰部以绳带系结固定。这一变换，使其既产生了色彩的诱惑力，又丰富了面料的质感和层次。

（6）联想法：将生活中观察到的各种客观事物，直接或间接地联想到设计之中。人类科技的仿生构思就是联想的结果，直升机是模仿蜻蜓的造型和特征创造出来的，鱼雷的外形是从鱼造型联想而来的。在服装方面，欧洲十八世纪的燕尾服、中国清朝时期的马蹄袖，以及现代

人的鸭舌帽、蝙蝠袖、螺旋裙等等，无一不是联想构思的结果。

图5-16中的服装是设计师将时装联想成黑天鹅的实例。从图中可以看出左右蝙蝠袖是黑天鹅的翅膀，前中心下方用肉色的纱织物映衬着天鹅的头部。图5-17中的服装是将鸟类的羽翅联想成时装的装饰。图5-18中的服装，蝴蝶翅膀作上衣，将其翅膀向外张开。同时这件时装也是在材料上的联想，设计师将加工木材时产生的爆花联想成做时装的材料，以薄型的雕花木片做成了外卷的翅膀。这样巧妙的构思，确实令人惊叹。图5-19中的服装看上去十分简单，却显示着朴素的联想。就像安装电话或宽带网时随

图5-17 联想法实例
由鸟类的羽翅联想设计制作的服装。

图5-18 联想法实例
由蝴蝶与木材联想设计制作的服装。

图5-19 联想法实例
由电缆、电线联想设计制作的服装。

图5-20　联想法实例
由火焰联想设计制作的服装。

图5-21　联想法实例
由围棋联想设计制作的服装。

种成熟的设计方案。

　　在进行发散思维时，可能有多种信息和思路一同涌现在设计师的脑海中，有合理的也有不合理的，有正确的也有荒谬的，因此这些信息和思路很可能是杂乱的、无序的，朦胧状态的，而正确的结论只有经过逐个的鉴别、筛选才能得出。这时就需要发散思维与辐合思维相结合，用集中思维的方式抓住几个可行的思路，再给予补充、修正，不断深入整合，渐渐理出头绪。辐合思维又称集中思维，它以发散思维为基础，对发散思维提出的各种设想进行筛选、评判、确认。它的核心是选择，所以选择也是一种创造。

第四节　成衣的创意

　　成衣是指服装企业按一定号型机械化大批量加工生产的衣服。成衣是给大众穿用的，又是日常生活、工作、运动等场合的必需品，无需过于前卫、怪异、豪华、高贵。因此，这类衣服并不需要像设计高级时装那样，对用料、款式外型和用色等方面进行超前的创造性思维。成衣设计的成功与否，完全是由市场来检验的，成衣在市场上销售得很好说明设计师设计的很成功，但如果不被市场认可，说明设计师想法再多也是失败的。

　　可以说成衣的创造力、想象力就表现在对市场、消费者的调研以及成衣细微的变化之中。"其实最难的创意往往就是这些司空见惯的成衣，越是经典就越难创新。看上去似乎是千篇一律，有可能创意就在于一个领型或一个省道，时尚的变化有时会不起眼，或许就是尺寸的长短、衣服的肥瘦。"所以，服装设计师不能对创意有片面的理解，以为只有表演性的时装、高级时装才有创意。成衣

便放在地上的电缆、电线，有整捆的也有松散的，那整捆的做成衣服的前后身，那零散的就随意搭在肩上，这一联想构思也令人拍案叫绝。

　　图5-20中的服装从色彩和纹样，以及超级造型的领部、参差不齐的下摆等元素，一看就知道服装是从火焰联想而来的。图5-21中的服装也很明显是从围棋得到的灵感，只是设计师丰富了棋子的色彩，并将其安置在极为透明的纱上，这样设计出来"围棋"要比现实中的围棋本身要玲珑剔透得多。

　　不仅服装款式设计需要发散思维，结构设计同样需要从其他事物中加以联想和想象。衣服是一块面料通过结构设计从平面到立体的一种变换，而且同样的穿着目的却可以完全不同的裁制方法。我们分析其他所有的包装物，都可以观察到立体与平面、线和点的关系：例如一只柑橘本

身的包装物是柑橘皮，剥皮的方法可以将其纵向切成四块，剥展成四个橄榄球形的平面；也可以沿着圆周横向连续地削皮，此时柑橘皮就被分解成一条带状；如若让孩子剥皮，他会剥成许多点状的断残皮片。由此我们就可以得到一种点、线、面与球体的关系。另外，动手拆开不同的包装盒或包装箱，我们看到同样是立体形，牙膏盒、香皂盒与苹果箱的结构就不太一样，这是又一种平面与立体关系的启发。设计师应多从身边的事物中思考、分析点、线、面与立体之间的相互转换，可以进一步为衣服的新构成法找到突破口。

二、辐合思维

　　在发散思维产生多种思路之后，需再集中从面料的可行性、款式的需求性、时尚的流行性等方面进行整合性的辐合思维，最后发展和确认出一

也是需要创意的，只是创意的形式不同而已。

图5-22是夏装的上衣变化形式，从图中可以看到C款是在A款的基础上去掉了短袖，B款是将A款的门襟改为拉链，领子去掉成为无领，这就是成衣的创意。

服装设计专业毕业的大学生多数还是要到企业中作成衣设计师，所以对成衣的这种创意性要有一个清醒的认识，不能以个人的好恶为标准去设计服装，而应从市场中来再回到市场中去。一切形象思维的理论都可以应用，只是不能忘记你面对的是成衣产品，它有特殊的创意方法。

图5-22　成衣的创意

服装是由面料、色彩与款式三要素组成的，这三要素必须通过设计才能组成服装，因此，我们通常也将其作为服装设计的三要素，下面分别对它们进行阐述。

第一节　面料

面料是服装的载体，俗话说巧妇难为无米之炊，在服装设计上也是同样的道理，因此面料的重要性是不言而喻的。设计师往往是在面料的肌理、花纹和情感氛围的启发下，产生灵感而设计出服装的。为此，无论是私有的还是国有的服装公司，都会在它们的仓库中备有丰富多样的面料，以供设计师设计服装时挑选、采用。从20世纪80年代起，设计师们就已经发现，面料在服装设计中的作用正在逐步加强，在组成服装的三要素中，面料的重要性已经超越了款式而上升至第一位，似乎谁垄断了新颖的面料，谁就可以在竞争中获胜。为了提高企业的绝对竞争力，许多服装设计师开始进入面料设计领域。

面料的元素包括肌理、性能和纹样。服装设计师所进行的面料设计不是从无到有的纺纱织布，而是对现有的面料进行合理地选择、搭配、组合设计以及为面料进行二次艺术加工等，下面对面料的元素分别加以阐述。

一、面料的肌理

面料的肌理是指材料表面所呈现出的纹理、质地。不同材质的面料本身就有相异的天然品质，当它们制成面料后自然会产生不同的肌理效果。而且，同样的素材由于织造方法各异，也会出现不同的肌理效果，如同样是用蚕丝织成的面料，缎子的表面就十分光滑，几乎看不出任何纹理，而且有比较强烈的反光效果；而双绉则不同，它的表面显现凹凸不平的细微颗粒状，手感也不光滑，因此它是绝不会出现反光效果的。

面料的肌理能给服装带来出人意料的美好效果，为此科学家在天然素材的基础上又不断开拓创造，在20世纪初

期、中期陆续发明了品种多样的再生纤维、合成纤维，它们与天然纤维交织、混纺，产生了面料质感上的粗与细、厚与薄、闪光与无光、平面与浮雕、粗糙与滑爽、柔软与挺拔等对比效果，更加丰富了服装设计师的设计思路和灵感来源（图6-1~图6-4）。

二、面料的性能

要想用面料设计出得体的服装，设计师必须熟悉面料的性能。面料由于采用了各种不同的纤维织造，各种纤维又有着相异的物理性能和化学性能，因此产生了面料性格的多面性，它们体现在不同的表现形态、视觉效果、触觉效果等方面。

1. 表现形态

纤维的比重和表面张力不同，因而使面料产生向横向

图6-1　面料质地

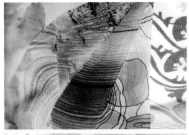

图6-2 面料质地　　　　图6-3 面料质地　　　　图6-4 面料质地

扩张和纵向变形等不同的表现形态，一般将面料因其向纵向变形称为"悬垂"，其表现形态就是"悬垂感"。早期的一些化纤织物，如腈纶、锦纶、丙纶等是缺乏悬垂感的，用它们做成的衣服有横向扩张的效果，后来经过与天然纤维或悬垂感强的粘胶纤维混合交织后的改性处理，逐步加强了它们的悬垂效果。新的织物品种如以80％涤纶和20％棉交织后形成的印花黛绸，悬垂感甚至比天然纤维织物

图6-5 混地实例
裙子的纹样为混地布局。

的还要强。

针织面料与梭织面料具有不同的悬垂形态。针织面料是由纱线弯曲成线圈相互套串而形成的织物，品种丰富，分经编与纬编两种形式。由于针织工艺的特殊手段，使针织面料具有较强的伸缩性和弹力，并且线圈结构的易变性，使其也具有较强的悬垂感，这种效果是梭织面料所无法达到的。

织物由于厚度、纹织结构、纤维比重与纤维粗细等的差异，形成了不同的飘逸感，这是面料的另一种表现形态。轻薄、透明的丝绸、纱类、绡类等属于飘逸感强的面料，而厚重的呢料、毛料、绒料则不具备飘逸感。

2. 视觉效果

通过视觉可以得知面料的透明与不透明、挺括与柔顺、反光与吸光、厚重与轻薄等表面审美效果。

3. 触觉效果

触觉效果也称作手感，以手触摸可以得知面料的柔软感、硬挺感、光滑感、滞涩感、褶皱感、毛感、绒感等多种触觉效果。

三、面料的纹样

面料的纹样即在面料表面上所显示的花纹，这些花纹主要由织、印、绣等工艺加工而成。在面料交织成型

过程中显示出的花纹称为织花纹样，如织锦缎、金玉缎、色织条格布上的花纹等均属于此类；在面料交织成型过程中既出现花纹又产生镂空效果的纹样称为"蕾丝"，这种纹样是16世纪中期在意大利和法国首先诞生的，它从花边逐步演变成面料，故采用外来语为其命名；在面料交织成型后由印花厂在面料表面上印出花纹称为印花纹样，如印花双绉、印花布上的花纹等，蜡染、扎染产生的花纹是由手工染成的，也属于印花纹样的一种；在面料表面上用彩色线刺绣而成的纹样是刺绣纹样。

随着人们对服装逐步强烈的个性化、时尚化需求，设计师开始对面料纹样追求独特的加工技术，例如将皮革刻、雕出花纹，使其出现像蕾丝一样的透孔效果；用手工在不同的服装上描绘出花纹，使服装产生独一无二或另类的手绘纹样效果等。

面料的纹样素材是不做任何限制的，可以说世上万物如植物、人物、动物、景物、宇宙、文字等没有不能绘成纹样的，它们既可以设计成具象的、变形的纹样，又可以绘制成抽象的点、线、面等几何纹样。为了能够方便工厂的织花和印花工作，纹样设计师必须根据要求有序安排纹样，从而产生以下几种纹样布局类型。

图6-6　混地实例

礼服的纹样为混地布局。

当然也有不连续的纹样，我们称其为"单独纹样"、"适合纹样"。在整件衣服上只设计一个花纹，此花纹称为单独纹样（图6-9），它一般用刺绣或手绘方式将纹样结合到面料上，也有采用扎染、蜡染等手工艺染制而成的。适合于一定外形的纹样称为适合纹样，图6-10中，黑裙子的前片上就有一个适合于白色圆形的单独纹样，称为"圆形适合纹样"。专为一件衣服设计的纹样称作"件料纹样"，图6-10中的上衣右前片设计的纹样以及图6-11中裤子上的花纹，都是件料纹样设计。件料纹样是专门为某一款式单独设计的花纹，它具有"特立独行"的性质，多用于高级时装设计中。

四、面料的搭配组合

面料的搭配组合是服装设计的常用手法，它可以丰富服装的组织结构和层次感，也可以充实表现内容和表现形态，常见的组合方式有以下几种。

1. 色彩统一、视觉效果相异的面料组合

色彩统一、视觉效果相异的面料组合，例如同为红色调面料，却有着透明与不透明、轻飘与悬垂、反光与吸光、挺括与柔顺等不同视觉效果对比。红缎、红纱、红丝绒的组合就属于这一类。当然，为了表现个性，甚至可以采用同色调的羽毛和

（1）清地：花纹小而分量轻，从而使露出的底纹较多。

（2）混地：花纹与露出的地纹分量相当。图6-5中的裙子以及图6-6中的礼服面料纹样安排，就属于混地布局，其花纹的占地面积约为1/2，分不出花纹与地纹谁占的面积大。

（3）满地：花纹多而满，极少露出地纹。图6-7中的裤子面料花纹属于满地布局，从图中可以看出其基本上没有底色了，全是花纹色彩。

为了使织花和印花的操作不间断地连续作业，纹样设计必须是连续的，因此称为"连续纹样"，在花边上的花纹多用"二方连续纹样"，如图6-8中上衣袖口运用的是二方连续纹样。此外，在面料上的花纹多用"四方连续纹样"。

图6-7　满地实例

裤子的纹样为满地布局。

图6-8　二方连续实例

袖口纹样为二方连续纹样。

图6-9 单独纹样实例
肩部纹样为单独纹样。

牛仔布、皮革与丝绸等组合，令服装产生别出心裁的另类效果。图6-12中白色调的时装，内衣胸前透明的蕾丝花边与白色厚重面料以及粗棒针织成的外套，视觉效果截然相反，但它们却使这套时装产生了强烈的视觉冲击力。图6-13中灰色调的高级礼服裙装，闪光缎与透明纱截然相反的视觉效果，使原本单一的灰色产生了多个明度层次变化。

2. 色彩相异、视觉效果统一的面料组合

色彩相异、视觉效果统一的面料组合，例如都是透明视觉效果的纱类面料，而色彩却各不相同。由于透明质地的面料中所有的色彩纯度都会大大降低，所以即使是不同色彩的面料搭配在一起，也会产生十分柔和的视觉效果。图6-14中的礼服由红色、咖啡色、黄色等色彩组成，但因面料全部采用透明纱类，所以礼服的整体效果十分柔和。

3. 色彩统一、触觉效果相异的面料组合

色彩统一、触觉效果相异的面料组合，例如同为大体的统一色调，而以光滑触感的皮革与柔软触感的马海毛针织料组合，或以滑爽的丝绸与褶皱效果的重磅双绉面料的组合，都能取得良好的视觉美感。图6-15中的这套时装，色彩统一在暖色调之中，但是其面料的触觉效果却

图6-10 件料纹样、适合纹样实例
上衣纹样为件料纹样，裙子正前方有圆形适合纹样。

图6-11 件料纹样实例

图6-12 面料组合
面料色彩统一、视觉效果相异的面料组合。

图6-13 面料组合
面料色彩统一、视觉效果相异的面料组合。

图6-14 面料组合
色调统一、触觉效果相异的面料组合。

图6-15 面料组合
面料色调统一、触觉效果相异的面料组合。

截然相反：披肩是毛茸茸的裘皮、裙子是绣着光片的绉纱、上衣是滑爽的合纤绸，但是它们的组合却同样十分合理、诱人。

4. 色彩相异、触觉效果统一的面料组合

色彩相异、触觉效果统一的面料组合，例如同为柔顺的棉布或麻布面料，由于色彩各异，所以可互为对方的滚边装饰，从而使服装产生质朴的整体效果。图6-16中是同为光滑触感的丝绸锦缎面料，色彩各不相同，这种组合使服装产生了富丽堂皇的华美效果。

5. 色彩相异、视觉与触觉效果均不同的面料组合

色彩相异、视觉与触觉效果均不同的面料组合，例如柔软的白色马海毛棒针衫与深蓝色的闪光缎裙子搭配，凹凸不平的鳄鱼皮与光滑的塔夫绸搭配等，均可以产生强烈的对比效果。图6-17中，内衣与外套色彩各异，所用面料：内衣为欧根纱，外套是棕榈树皮纹理面料，无论视觉还是触觉效果截然不同，款式虽不怪异，但整体效果却别具一格。图6-18中的服装以红、黑两色搭配，在视觉上黑丝绒的吸光与红蕾丝的透光形成对比，在触觉上面料也有着柔顺与粗糙的不同，这些对比丰富了礼服的内涵。这种色彩相异、视觉与触觉效果也都不同的面料组合，是一种比较独特的设计方式，要掌握这种设计方法，对设计师的

图6-16 面料组合
触觉效果相同、色彩相异的面料组合。

图6-17 面料组合
色彩、视觉效果、触觉效果均不相同的面料组合。

要求较高，因为设计师只有在充分掌握了面料的各种性能以及配色的深层知识的基础上，才能使设计产生特异的视觉效果。

总之，面料是时装的载体，是设计的先决条件。设计师对于面料的运用，应当既有科学家的头脑又富有艺术家的灵感，既要掌握面料的物理性能、化学性能以及适应人体的机能性，同时又要使面料在制成的服装中，成为具有艺术性、生命活力的主体因素。

五、面料的二次艺术加工

服装设计时，除了在面料组合上下工夫以外，还可以对现有面料本身进行二次艺术加工，使自己的设计特立独行，从而富有强烈的个性。下面介绍一些二次艺术加工的方法。

（1）浮雕法：通过在面料上纳褶纹、抽褶皱、缝缀、系扎、熨烫等手段，将面料原本的平整外观变形，使其产生凹凸不平浮雕般的效果。还可以将海绵或棉花放在具有弹性的面料下，在其上施以花式缂绣，让面料产生浮雕感。图6-19中的服装，设计师在原本平滑的灰色面料上，缝缀上自下而上、由密到疏的小方块面料，并将裙摆剪成条状，这样模特走动起来不仅裙摆摇曳生姿，而且小方块还会闪动，使时装顿时增加了活力。图6-20中的服装，上衣的左片大襟取一部分处理成褶皱，增加了这件衣服的趣味性与层次感。图6-21中的服装，在牛仔布胸衣上钉缀各式大小不一的圆牌，在改变面料质感的同时，又增添了此款时装的嬉皮效果。

（2）层次法：对平整的面料采用折叠、并置、叠加、旋转、缠绕、转向、起浪、缝缀、覆盖、卷曲等手段，使原本单一的面料出现层次。图6-22中的鸡尾酒会裙，就是从上到下运用折叠、叠加等手法，使原本单色的裙子在层次和色彩上都产生变化的典型实例。图6-23中的服装，运用同色面料把袖子做成叠加多层的条状效果，并把袖子最下面的条状面

图6-18 面料组合
色彩、视觉效果、触觉效果均不相同的面料组合。

图6-19 浮雕法实例
面料的二次艺术加工。

图6-20 浮雕法实例
局部面料的二次艺术加工。

图6-21 浮雕法实例
面料的二次艺术加工。

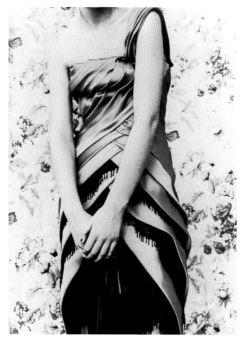

图6-22 层次法实例
面料的二次艺术加工。

图6-23 层次法实例
面料的二次艺术加工。

料变为参差不齐的流苏，这样使服装面料同样产生了层次。图6-24中的服装是在连衣裙的上身抽褶皱，使其凹凸不平的浮雕感与裙下身面料的平面感形成对比，产生了层次变化的。

（3）镂空法：在现有面料上用雕刻、撕裂、抽纱、抽穗、分离、移位等方法，使面料产生透孔效果，这种透孔效果可以是有规律的四方连续花纹，也可以是改变面料原有外观的无规律撕出裂痕的纹样。图6-25中的裘皮外套，就是采用将裘皮切割、分离移位的手法，使其产生了方孔效果，这样增加了裘皮外套的浪漫气息。图6-26中的服装将皮革镂雕成通透大型花纹，这样的衣服穿在人身上犹如直接文身一般透着野性。

（4）拼贴法：将视觉效果各不相同的面料，或正反、倒顺的同一面料拼缝在一起，都可以制造出一块风格独特的新颖面料。图6-27中的服装，小外衣的面料就是拼贴了不同质感的材料，从而使服装产生了左右、前后、里外均不相同的丰富变化。

（5）装饰法：根据不同的穿着目的，选择亮片、珠饰、花边、烫贴、丝带等对服装进行添加装饰或者以缉彩色明线、刺绣、拼接、嵌花、夹花等装饰方式，使时装增添华美与精致。这种装饰手法多用于高级时装设计之中。还可以采用非纺织类的各种物品，如羽毛、流苏、皮毛、塑料、薄膜、橡胶、金箔、藤条、金属丝等，与面料组合在一起，形成奇异、独特的前卫风格服装。

现代科技的突飞猛进，使新素材、新面料层出不穷，大豆纤维、牛奶纤维、竹纤维、木纤维已经相继出现。与此同时，设计师也不断创造出新的方法对面料进行二次艺术加工，如利用激光和超声波对织物进行切割、蚀刻、雕刻和焊接，制造出具有灼烫效果、风格别致的新颖面料。

图6-24 层次法实例
面料的二次艺术加工。

图6-25 镂空法实例
面料的二次艺术加工。

将棉衣用火烧或用油漆喷使面料先毁灭而后生等做法，这样反而使服装变成具有原创性的新设计。

对于初学者来说，面对的基本都是普通面料，要想使自己的设计与众不同，对面料实施二次艺术加工相当重要，特别是在参加设计大奖赛时，在难以寻觅到理想的面料，经济条件又不允许购买进口面料的情况下，对面料进行二次加工是一条可行的途径。除了上面所述二次加工方法外，每个人还可以发挥想象力创造出新的加工方法，使司空见惯的平凡面料得以改观，从而使其产生独特、新颖的艺术效果。

第二节　色彩

色彩是服装设计中的重要因素，是穿着者以及观赏者对服装产生的第一

还出现将热蜡溅于名贵丝绸上制造破坏感，使丝绸面料出现意想不到的艺术美感；把面料浸于酸中使其腐蚀，

审美感受，而这种审美感受是通过人类特有的视知觉所接收到的。人类的视知觉优胜于地球上的任何一种动物，人眼不仅有判别明暗的"明暗视"，识别活动物的"运动视"，识别形态的"形态视"，而且具有识别色彩的"色彩视"。人眼的这些视觉功能和视觉精确度超过了所有的动物。

一、色彩的基本常识

1665至1666年，英国物理学家艾萨克·牛顿发现阳光通过三棱镜可以被分解为像彩虹一样的光谱色，光谱色包括红、橙、黄、绿、青、蓝、紫七色。将此光谱的两端连接起来，便成为色相环。在我们平常所用的广告色中，红色与黄色相混合便产生橙色，蓝色与黄色混合便产生绿色，蓝色与红色混合便产生紫色，而红色、蓝色、黄色本身是无法由其他色彩混合产生的，色

图6-26 镂空法实例
面料的二次艺术加工。

图6-27 拼贴法实例
面料的二次艺术加工。

彩学称这三种色彩为三原色，而由它们两两相混合产生的色彩称为间色。

色彩有无彩色和有彩色之别，无彩色是指黑、白两色以及由它们混合产生的各种明度的灰色，有彩色是指色相环上所有的原色和由其相互混合所产生的间色。

色彩有色相、明度、纯度三大属性，色相即色彩的原来面貌，如红色、蓝色等（图6-28）；明度是指色彩的明亮程度，如黄色亮、蓝色暗；纯度即色彩的饱和度，如正红的纯度高、粉红的纯度低等。

图6-29中用以表示色彩明度、色相、纯度三大属性特征的是三维空间的色锥体。色锥体的上、下两端分别代表白色和黑色，从白端开始，通过一系列从浅到深不同明度的变化，到达另一端的黑色组成黑白系列，它表示无彩色明度上的变化。水平的圆周上依次排列的是不同的色相，圆周平面的中心是中灰色，由圆心指向不同色相的放射线表示的是色彩的纯度，即在圆周上的色相纯度最高，若向无彩色轴移动也就是距离圆心越近，就代表混合了越多的中灰色，若向上、向下移向黑白色轴，则表示混合了白色与黑色，色彩的纯度就越低。

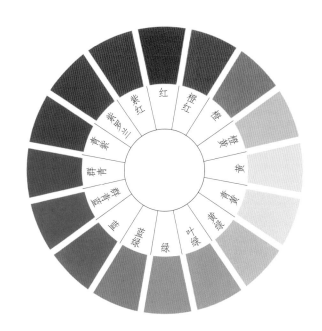

图6-28　色相环

二、色彩的审美特性

由于人类有着发达的头脑，当色彩进入眼帘，传入大脑经过思维后，与过去的经验产生联系，同时引起情感、意志等一系列心理反应，于是色彩便产生了独特的审美特性。它们是联想性、表情性和象征性等。

1.联想性

当我们看到色彩时，总会想到一些与其相关的事物，这就是联想。不同的人对色彩的联想会有所不同，就是同一个人在不同的心情和背景下，对色彩也会有不同的想象。马克思曾经说过：色彩的感觉是一般美感中最大众化的形式。所以色彩的联想对于人类来说应当具有更多的共同性，如红色能令人联想到热情、红日、红旗等，绿色令人联想到草地、树木、和平等，蓝色令人联想到大海、天空等。

2.表情性

色彩的表情是大多数人共有的色彩感觉的心理反应。例如色彩的冷暖感、轻重感、软硬感、强弱感、华丽质朴感、兴奋忧郁感、明快沉静感、活泼庄重感等，都属于色彩为人类提供的表情特性。

3.象征性

由于传统习惯、宗教风俗、国家团体等的特定需要，使色彩在一定的地区有特定的表情和语言，从而形成了色彩的象征性。例如红色在我国象征喜庆，是节日里或结婚场合常用的色彩；绿色象征和平、环保等。古代中国还以色彩代表方向：东方是青龙的青色，西方是白虎的白色，北方是玄武的玄色（黑色），南方是朱雀的朱色。而在美国，黑色代表东方，黄色代表西方，青色代表南方，灰色代表北方。

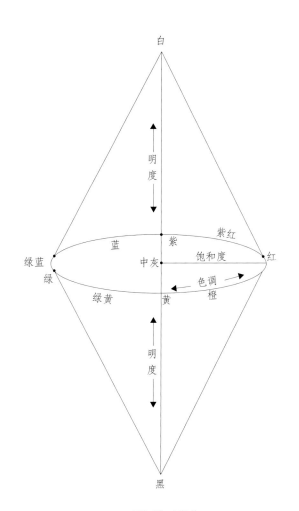

图6-29　色锥体

图6-30　色彩配置
拉大对比色的面积之差。

图6-31　色彩配置
降低对比色的纯度使色彩调和。

三、服装色彩的组合美

平时我们所看到的一切事物，都是不同色彩的组合，如果这种组合使我们感到赏心悦目，就说明这些色彩的组合达到了调和美的状态，服装色彩也是一样的道理。色彩组合的效果是悦目还是刺激，这取决于色彩的色相、明度和纯度组合是否合乎规律，合规律的属于调和，否则就是不调和，是拙劣的刺激视神经的色彩组合。怎样才能使服装色彩设计达到和谐悦目的审美效果呢？下面我们介绍一些常用的色彩调和搭配方法。

1.对比色的调和搭配

色彩有七种不同的对比效果，即色相对比、明暗对比、冷暖对比、补色对比、同色对比、色度对比、面积对比，它们是色彩设计的不同表现方法。我们这里讲的对比色，属于其中的色相对比，即在色相环上相距120°的色组，如黄色与蓝色、红色与青色、紫色与淡绿色等色组。这类色彩组合在一起，容易产生比较醒目、丰富、引人注目的效果。但是，如果处理不当，也容易出现杂乱、刺激的不良后果。为此，在用对比色搭配时，可以运用以下各种手段降低色彩的对比度，使之达到和谐的要求。

（1）利用面积差：拉开对比色的面积之差，使一方的面积缩小，另一方的面积加大，使色彩面积小的一方产生

"点缀色"的效果，犹如"万绿丛中一点红"的效果，使搭配出来的色彩强烈、宜人。在图6-30中，立体裁剪的礼服中紫色占了绝对大的面积，与其相对比的绿色凉鞋，仅起点缀色的作用。

（2）利用纯度差：拉开对比色的纯度之差，使一方的纯度降低到视觉可以接受的程度，从而产生一定的纯度对比效果。如将绿色中加入黑色使其变成墨绿色，再与纯红色配在一起便不会使眼睛感到刺激。此外，倘若两种对比色A和B，保留色彩A，使色彩B与色彩A相混合之后再加入白色，也可降低色彩的对比度。由于这种方法所产生的灰色本身就含有A、B这两种对比色，所以被称为高级灰色，而且采取这样的方法降低对比色的纯度更能够使搭配出来的色彩达到和谐、悦目的美感。

（3）利用明度差：加大对比色的明度差别，使一方变暗而另一方提亮，从而产生明度对比效果，也可以同时降低双方的明度，令搭配出来的色彩处于缓和对比的状态。图6-31中的服装，在绿底色纱上印制红色圆点，其下再衬以橙色绉纱，纱本身的透明性使绿底、红点都降低了纯度，下面的绉纱又使其蒙上了一层橙色，结果原本对比强烈的红色与绿色，竟十分柔和地协调在一起。

（4）利用间隔法：由于黑、白、灰是无彩色，可以与

图6-32 色彩配置
用黑色间隔对比色。

图6-33 色彩配置
用白色间隔对比色。

图6-34 色彩配置
无彩色单独运用。

任何有彩色搭配而不会出现刺激视神经的问题，并且金、银等金属色也不在有彩色序列之中，也具有黑、白、灰无彩色相同的功能，用它们置于所用的对比色之间，其原有的刺激性便会消失，为此，我们常常将它们称为"救命色"。图6-32中的服装，上衣中的红色与绿色印花，是用黑色间隔开的。图6-33中的服装，礼服腰带的宝蓝色与头饰中的橙色花朵，是以白色面料相隔开的，这样极大地削弱了这两组对比色的刺激性。

（5）利用空间混合法：对比色放在一起，在一定距离之外能产生混合色状态从而使色彩对比度降低。例如红色与绿色交叉的条格纹样、小碎花纹样、点纹样等，与受众的视觉拉开一定的距离之后，便会产生混合的深灰色感觉，使原有的对比刺激性大大降低了。

2. 补色的调和搭配

所谓补色，就是色相环上相距180°的色组，如红色与绿色、黄色与紫色、橙色与蓝色等色组。补色的调和搭配可以产生华丽、跳跃、浓郁的审美感受，是设计师经常采用的色彩调和方法。然而，倘若补色以高纯度、高明度等面积搭配，会产生比对比色色组更强烈的刺激性，使人的视觉感到疲劳而无法接受。为了使补色能相互调和，设计师同样可以运用上述几种方法降低它们的对比度，从而缓和刺激性而产生悦目的搭配效果。

对比色和补色的搭配是对设计师要求最高的色彩设计方法。它要求设计师懂得和理解什么是色彩的强刺激性，了解和掌握调和刺激性的方法与"火候"，使得对比色与补色在经过调和之后，既能达到视觉可以接纳的程度而不感到刺激，又不失去原有的跳跃、活泼之性格。这就要求

设计师热爱生活、热爱色彩，并对色彩有高度的分辨力、感受力和艺术家的鉴赏力。因为，色彩虽然可以被所有的人运用，然而只有对色彩热心的人才能揭示其奥秘，只有热爱色彩的人才能认识色彩的美及其存在的内涵。

3. 调和色的搭配

所谓调和色，就是在色相环上90°以内的邻近色以及不同明度的同种色彩。由于这类色彩的相互搭配并不带有刺激性，容易产生统一的色调，因此可以统一称为调和色。

（1）邻近色：色相环上任何一组90°以内的色彩，它包括30°以内的同类色和60°以内的类似色。这些色彩的不同纯度、不同明度变化都可以相互搭配、组合，配置的结果都是和谐的（参见图6-5、图6-11）。

（2）同种色：一种色彩，不同明度、不同纯度变化的相互搭配、组合，其结果是调和的，而且整体有融合感和统一感。但是色彩这样搭配的缺点是容易含混不清，所以应尽量拉大各色之间的明度差（参见图6-25）。

（3）彩色与无彩色组合：各种彩色和黑、白、灰无彩色搭配都可以达到调和美的效果。然而经验告诉我们，高纯度的暖色如红色、橙色易与黑色调和（参见图6-18），而高纯度的冷色如湖蓝色、玫瑰紫色等易与白色调和（图6-33）。彩色与灰色相配时要掌握明度差，明度一样的彩色和灰色，如深红色与铁灰色组合在一起，就会使搭配出来的色彩模糊不清从而失去调和美。

（4）黑、白、灰单独搭配：黑、白以及由黑白两色混合之后产生的各种灰色，它们没有色相与纯度，只有明度之差。它们既可以与其他各种色彩组合，也可以单独搭配

图6-35　色彩搭配
黑、白无彩色组合。

图6-36　色彩搭配
黑、白、灰无彩色组合。

使用。灰色还可以由补色混合后加白色来产生，同样也是以加白色的量的多少来确定其明度。这种灰色是可以有冷暖感的，想让其偏冷色调就多加点冷色，偏暖色调就多加点暖色，图6-34中的两款时装就是左款偏冷色调、右款偏暖色调的高级灰色单独运用的范例。黑、白、灰无彩色的单独组合能产生响亮、果敢、高贵、雅致等特殊美感，在服装设计中是常用不衰的，具有永恒的审美价值。但是运用灰色时同样要注意拉开明度差，不然仍会产生模糊的效果。图6-35～图6-38中的服装是黑色与白色单独搭配的组合。图6-39、图6-40中的服装是黑色、白色与彩色的组合。

（5）金属色组合：金、银等金属色虽然不在彩色系行列中，但现代服装中却时常运用，它们与彩色组合在一起，其闪光效果可以为面料带来富贵奢华的美感，适合在夜间出现，因此它们在夜礼服设计中经常运用。金属色单独组合，可以产生前卫、独特、具有宇宙感等强烈的个性效果。图6-41、图6-42中的服装便是金色与银色的单独组合。

以上各种色彩搭配的方法，在实际运用中并不是机械地搭配，设计师根据构思需要，经常是"你中有我，我中有你"地结合搭配，从而使色彩的变化丰富多彩、无穷无尽。

四、服装色彩的整体美

我们穿衣服都有里、外、上、下之分，这在服装色彩组合上提出了一个整体美的问题。我们在设计时究竟什么样的色彩可以在上衣和下裳之间组合搭配，内衣与外衣之间相互协调，从而使设计出来的一整套服装具有整体美呢？经验告诉我们这并不难，只要掌握了上述配色方法，并在此基础上进一步统一服装的色调，问题就可以迎刃而解。

1．统一色调

按照人类对色彩的心理感受，色彩学将色彩分为冷色调与暖色调，凡是向红色靠近的色彩就称为暖色，如中黄色、橙色、土黄色、砖红色、铁锈红色、赭石色、熟褐色等；而凡是向蓝色靠近的色彩就称为冷色，如湖蓝色、宝蓝色、群青色、钴蓝色、蓝绿色、紫色、天蓝色、藏青色等。为了使整套服装的色彩协调，一般都把衣服色彩统一在一个色调里，这样就不会使衣服的色彩显得俗气或杂乱无章。而这样做最便利的方法是选择一种颜色作为最大面积的色彩，然后再搭配它的临近色作陪衬，最后点缀上少许对比色。如果上衣是满地花纹的面料，那么裙子或裤子就应在上衣花纹的色彩中选择一种颜色，然后将其设计成单色的。

图6-37 色彩搭配
黑、白无彩色组合。

图6-39 色彩搭配
无彩色与彩色的搭配。

图6-38 色彩搭配
无彩色中白色的单独运用。

图6-40 色彩搭配
无彩色与彩色的搭配。

图6-41 色彩搭配
金属色的运用。

图6-42 色彩搭配
金属色的运用。

在冷暖色调中，由于明度、纯度的不同，还分别会有以下多种色调。

（1）浅淡色调：高明度、低纯度，或高明度、中纯度的色彩组合，色调柔和、优雅（参见图6-12）。

（2）鲜亮色调：高明度、高纯度的色彩组合，色调活泼、华丽（参见图6-7、图6-16）。

（3）深暗色调：低明度、高纯度，或低明度、低纯度的色彩组合，色调深沉，具有古典、庄重的风格（参见图5-13）。

（4）浅浊色调：低纯度、中明度的色彩组合，色调略带朴实和成熟的气质（参见图5-9）。

2．统一基础色与点缀色

人们都知道穿着的服装色彩不能过多，这是因为色彩多了就会显得支离破碎，特别是众多的色彩还不在一个色调里，就更显得色彩杂乱无章。如天蓝的上衣镶黄色的边，外穿大红的马甲配绿色的裤子，这种装扮一看就是没有学过色彩调和学的配色。经验告诉我们，服装色彩的组合在上、下、里、外衣服中，要有面积较大的基础色，而其他的色彩只能作为点缀，点缀色当然面积较小，例如，咖啡色的大衣内穿米色的套装，配各种对比色的圆点纹样丝织围巾，这丝围巾小圆点的各种色彩就是起点缀作用的；2003年法国设计师拉皮杜斯为中国航空公司乘务员设计的制服，采用中国红和青花蓝作为制服的基础色，白衬衫因为是无彩色的，因此虽然面积较大但并不刺激，点缀色是颈间那条印着红、黄、蓝条纹的丝巾，这样的设计就能较好地体现服装色彩的整体美。

五、流行色

流行色即指在一定时间、一定地区中，最受人们喜欢的、使用最多的几种或几组色彩。它是一定时期社会的政治、经济、文化、环境及人们心理活动等因素的综合产物，也有专业人员在预测流行趋势变化后，进行宣传、引导影响的因素。

现代服饰色彩从时尚历史悠久和产业发达的欧洲起步，它的较大规模流行是随着第二次世界大战之后经济逐渐恢复而开始的。为了协调欧洲色彩市场，推动欧洲服饰产业的健康发展，1962年欧洲成立了国际流行色研究机构——国际流行色委员会，该机构每年提前两年分春夏、秋冬两季发布服装流行色趋势。在过去的四十多年里，欧洲服装大国的流行色专家左右了国际流行色专家委员会，制定领导全球的服装色彩流行趋势。20世纪70年代以后，美国服装市场欣欣向荣，逐渐成为国际最大的服装进口市场，由于欧洲与美国的社会、经济、文化等背景有着明显的差异，欧美的服装色彩专家常常对色彩具有明显不同的看法，在国际服装市场上形成了欧美两种不同的色彩流行趋势。

中国于1982年成立中国流行色协会，并于次年加入以欧洲流行色会员国为主的国际流行色委员会，每年派专家参加国际流行色专家委员会会议，并参与制定国际流行色卡。

法国流行色协会主席奥利佛·吉利姆曾经详细地阐述过流行色的预测问题，他说：流行是有一个过程的，也是渐变的，因此预测机构须提前两年开始工作。例如要为2003年春夏确定流行色，须在2001年5月之前提出并决定预测方案，其日程进度如下。

（1）2001年5月之前，预测并确定流行色方案。

（2）2001年8月底，开始根据流行色方案为纱线染色。

（3）2001年10月，纱线厂商预定纱线流行色。

（4）2001年12月，面料厂家用流行色纱线织出面料样品，推出面料流行趋势。

（5）2002年3月，设计师订购流行面料，设计服装。

（6）2002年9月，展示设计出的2003年春夏成衣新款。服装厂商订购成衣。

（7）2003年初，销售流行新款成衣。

服装业与流行色紧密相关，作为设计师必须十分敏锐地时时观察流行色彩的变化，让自己的设计紧跟流行时尚，从而使其产生强烈的时代感。

国际流行色协会每年推出的流行色是多种色组和色调，因此，作为中国的设计师应当慎重选择。中国人和亚洲多数国家的人群属于黄色人种，许多适于白色人种的色彩不一定适合于黄种人。例如橄榄绿色、土黄色等，黄皮肤的中国人穿上这种颜色的服装后，就越发显得皮肤不健康甚至呈现病态，而白皮肤的人穿上却毫

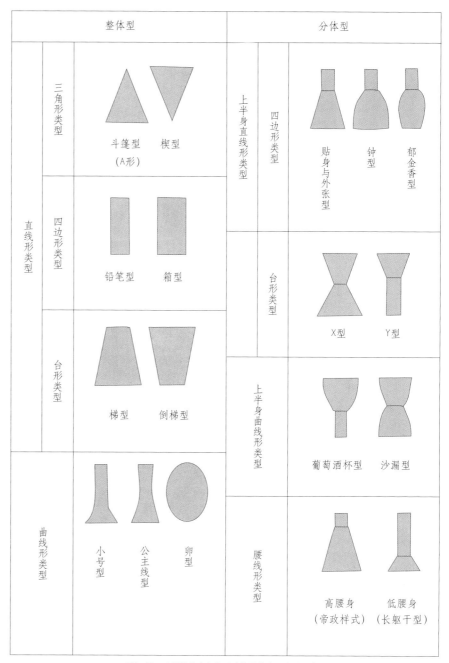

图6-43 欧洲服装史中出现过的服装廓形类型示意图

无这种感觉。为此，我们不能一味地跟随西方流行色，而应在深入学习色彩学将其融会贯通的基础上，结合中国人的种族特征以及对色彩的传统爱好，消费者当前的消费心理等，进行服装的色彩选择和设计。

第三节 款式

服装款式是服装设计的中心内容，虽然在服装设计的要素中款式的地位已经降低，但它仍然是服装设计的重要因素，作为设计师时刻也不能忽视款式的变化。服装的款式变化是由着装后的外部廓形及其内部结构来具体表现的。

一、款式的外廓形

款式的外廓形就是服装成型后穿在人身上最后展示出来的外轮廓。服装历史上出现了无数服装款型，用几何形将其归纳可以分为直线与曲线两大系列外廓形，如图6-43。

图中的许多廓形是要靠内撑架

图6-44 X型服装

图6-45 H型服装

图6-46 T型服装

支撑的，如上身收紧要靠紧身胸衣、裙子扩张要靠撑箍衬裙，臀部后翘是因为有臀垫和臀撑等。20世纪50年代，法国时装设计大师迪奥运用英文字母概括了图中的各种廓形，宽肩的称Y型或T型，收腰的称X型，不收腰的称H型，下摆扩张的称A型。迪奥的"新造型"除了用料铺张以外，上身同样运用了紧身胸衣和撑垫，因此所有的女性穿上"新造型"时装都会 显得十分优雅。但也正因为如此他受到了夏奈尔的批评，因为这样一来使女性已经解放了的身体又受到了不必要的束缚，尽管迪奥时代的紧身胸衣材料与历史上的已截然不同，但穿上以后仍然是不舒适的。在20世纪70年代以后，女性追求生活的休闲、运动、舒适等，服装的廓形似乎仅区别于不收腰和收腰两种，不收腰的称H型，收腰的称X型，流行趋势也在这两种外形之间转换着。

H型设计用处很多，礼服、休闲服都可运用。它是一种平直的、不收腰的、不夸张肩部和臀部的直筒造型，外观感觉十分舒适、轻松（图6-44）。

X型一般用于礼服性的连衣裙设计中，它的造型是夸张肩、袖，收紧腰部，夸张下摆，使服装的整个外形概括

起来就像英文的字母X。X型服装能与女性的体形曲线相吻合，因此可以充分展示女性的魅力和性感（图6-45）。

T型设计是强调并加宽肩部，收紧下摆的款式造型，体现了女装男性化的设计理念，整体感觉具有坚定感和自信心。这是20世纪80年代流行的服装外形（图6-46）。

A型服装也是属于平直的造型，它是扩大下摆，收紧上身，形成一种上小下大的外形，给人以A字的印象（图6-47）。

服装是与人体紧密结合的，以英文字母代表服装的外形，只是一种概括的示意，人体的一举一动都会影响服装的外形变化，因此在服装设计时，不能拘泥于一个字母，应当灵活运用。

二、款式的内结构

虽然服装的大体结构已经定型，如上衣的结构通常是由前片、后片、袖片、领片等组成，只要有了这几个衣片就能缝制穿着。但是，为了满足消费者不断增长的个性需求，这些衣片也是不断变化的，这种衣片的变化建立在确定廓形的基础之上。例如确定生产一件窄肩、收腰、薄

图6-47　A型时装

图6-48　直裁与斜裁的连衣裙对照

直裁连衣裙挺拔，褶皱制作感强；斜裁连衣裙贴身，波浪自然。

型面料的短上衣，那么其内结构的创新主要就在于变化衣片上胸省的形状和位置。在我国服装企业里，服装内结构的改变虽然是打板师的工作，但是款式设计师若不提出要求，打板师也不会擅自将内结构进行变化。为此，款式设计师应当熟悉服装结构设计，及时对自己设计的样品结构提出创新的意见。

当前，在服装面料的地位上升以后，服装款式大起大落的变化已比较少，人们在追求个性的同时主要还是讲究舒适性、随意性等，因此服装的裁剪方式变化、省道变化、分割线变化、局部变化等内结构设计就成了款式变化的主要元素。

1. 裁剪方式变化

裁剪方式一般都用直裁，即经线方向为门襟、袖子、裤片等裁片的正向。而自从维奥内首先运用了斜裁方法创造了不用省道就可以穿脱自如的合身礼服之后，斜裁就成为了可与直裁竞争的第二种裁剪方式。近些年市场上出现的斜裁小上衣、斜裁连衣裙，就是在裁剪方式上的变化。它可以让上衣的领口处出现极自然的荡领褶纹，也可以让连衣裙的下摆产生随着身体自由变化的波浪，同时更能不

用省道就突显出女性的优美曲线。因此，裁剪方式的变化给服装的内结构带来了新鲜的创意（图6-48）。

2. 省道变化

省道是服装内结构变化的主要元素，它一方面收掉了面料的多余部分，使服装尽量合体，同时由于收取省道，又使服装表面产生了水平、垂直、倾斜、圆弧等线条的多种变化。在产生这些线条之后，还可以对其加以装饰，如加滚边、有规律的纳褶皱，装饰流苏、荷叶边等，这样更能增添服装的精致感和优雅动人的魅力。

（1）胸省的设计：女装胸省的变化主要在于其位置和尺寸的变化（图6-49），胸省的位置可以在胸高点的周围360°展开，胸省的大小是由着装者的乳房高低决定的，乳房高的人胸省尺寸就大，反之胸省的尺寸就小。胸省的位置在袖窿线、肩线、领围线时，可以和腰省、臀省相连形成分割线（图6-50）。胸省在袖窿线时，可以与腰省、臀省连接形成带有弧度的曲线，确定这一曲线弧度的形状是需要美感的，我们对比图6-51中的两条分割线，便知道右边的曲线优美于左边的，因为弧度过大的曲线在人体上容易失去挺拔感。

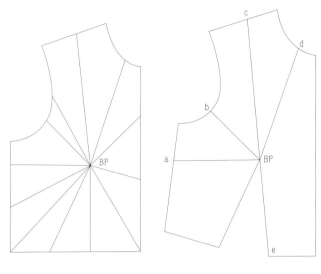

围绕胸高点向四周展开省道线　　胸省位置变化，胸省基本位置在
　　　　　　　　　　　　　　　　a、b、c、d、e五点上

图6-49　胸省位置变化

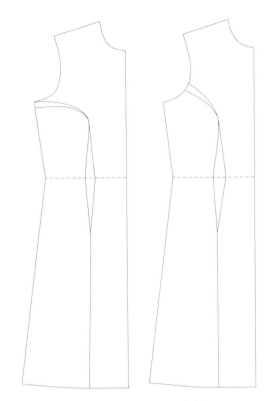

图6-51　连省道弧度美感对比
左图连省道过于弯曲，失去美感。

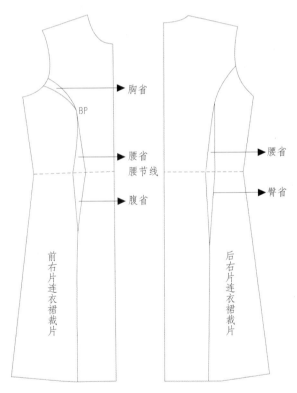

图6-50　连省道分割线

图6-52　肩背省的位置变化
肩背省可在领口线、肩线和袖窿线上。

（2）背省的设计：背部因为肩胛骨突起，故需要收一个背省使服装平整。背省的位置可以在肩线上，也可以转移到袖窿线、领围线上（图6-52），转移到袖窿线时通常都与肩覆势分割线相吻合（肩覆势是从男衬衫肩背部分割出来的，也称育克），此时的肩背省便收到肩覆势内了（图6-53）。若再在领围线上收一个肩背省，既不美观也不简练（图6-54）。

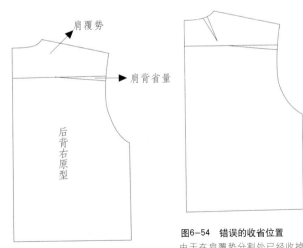

图6-53　肩覆势与肩背省合拢

图6-54　错误的收省位置
由于在肩覆势分割处已经收掉了肩背省，领口处可不再收省。

3. 分割线变化

（1）门襟变化：一般来说，门襟的位置设在前中心线上，尺寸固定，如衬衫、毛衣、连衣裙等。但是根据款式的要求，门襟是可以变化位置和尺寸的，例如将门襟放到背后的护士工作服、儿童罩衫等。受这一变化启发，女性的时装也可以进行创新：门襟向右方移动成偏门襟、大襟，向左右两方移动形成琵琶襟，偏门襟缩短可以做成俄罗斯套头衫，还可以移到肩线、侧缝上等（图6－55）。

（2）腰节线变化：腰节线并不一定就固定在腰上，这在历史上某一时期的服装中可以见到。例如帝政

图6-56 腰节线位置的变化

风格的时装，是从古希腊服饰艺术中得到灵感，将腰节线提升到乳房下的位置，这样显得女性腿部特别长。因此，腰节线可以做上下移动，但是有一点应当注意，即腰节线的移动能使服装的外形产生变化，所以，考虑变动腰节线时，一定要服从服装整体外形的需求（图6－56）。

（3）肩线变化：肩线也可以向下移动，肩覆势就是将肩线移到前后衣片而形成的。中式衣服原本就没有肩线，西式插肩袖的肩线不是平行移动，而是带有一定的角度，使前、后衣片的一部分变成了袖子的局部（图6－57）。

4. 局部变化

（1）领型变化：领子是上衣或连衣裙的视觉中心，自古以来就吸引着设计师对它不断地进行创新（图6－58）。夏天女性多穿无领上衣，这时领口的变化很多（图6－59），如有U形、V形、方形、船底形等，在这多种领围线的基础上，设计师可以根据款式造型的需要对其加以变形、创新（图6－60）。

图6-55 门襟位置与尺寸变化

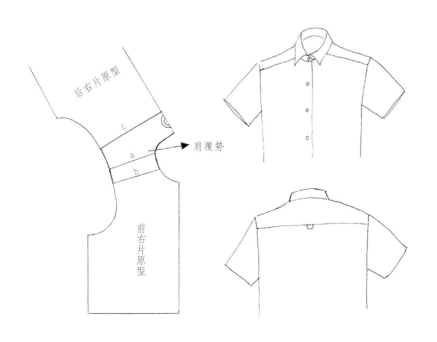

图6-57 肩线的变化

衬衫的肩覆势将原来的肩线a移动后，变为前身的b线和后身的c线，a线消失。

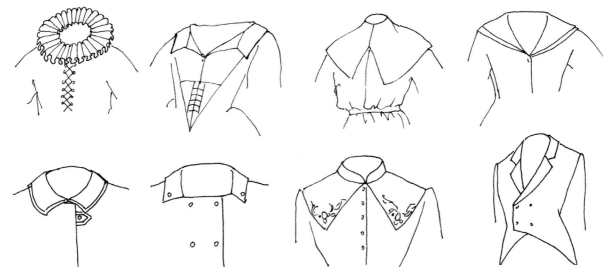

图6-58 服装史中的部分领型

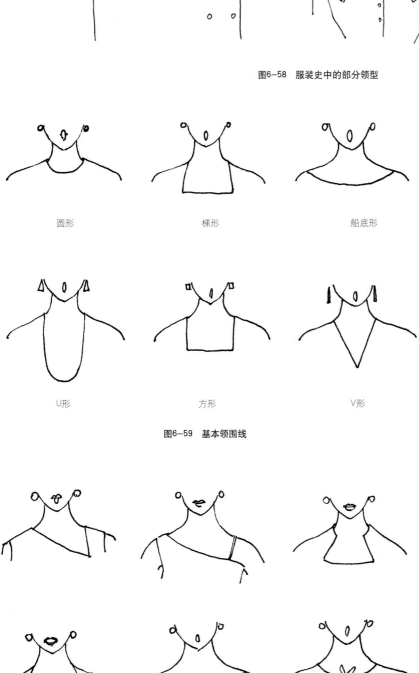

圆形　　　　　　　梯形　　　　　　　船底形

U形　　　　　　　方形　　　　　　　V形

图6-59 基本领围线

图6-60 基本领围线的变化

　　领子的造型也有多种，常见的有立领、翻领、平领、驳领等（图6-61）。在这几种领型的基础上，设计师根据设计的要求可以对其进行多种变化和创新（图6-62）。

　　（2）袖型变化：袖子是服装中的重要组成部分，服装设计史中许多袖子的款式都是经典的发明创新，例如灯笼袖、羊腿袖等，就是古人留下的优秀的服装袖子的造型，今天的设计师需要学习和继承（图6-63）。

　　袖子的造型有连衣袖、插肩袖、圆接袖等多种，设计师在这一基础上可以对其进行多种变化（图6-64、图6-65）。

　　（3）口袋变化：口袋虽然不是服装的关键元素，但是在内结构线中，它也有许多不同的形式，有的还直接影响着服装的风格。口袋有贴袋、插袋和挖袋几种形式，设计师在

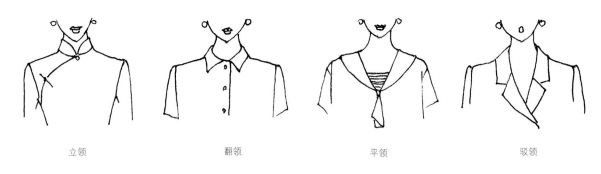

立领　　　　　　翻领　　　　　　平领　　　　　　驳领

图6-61　基本领型

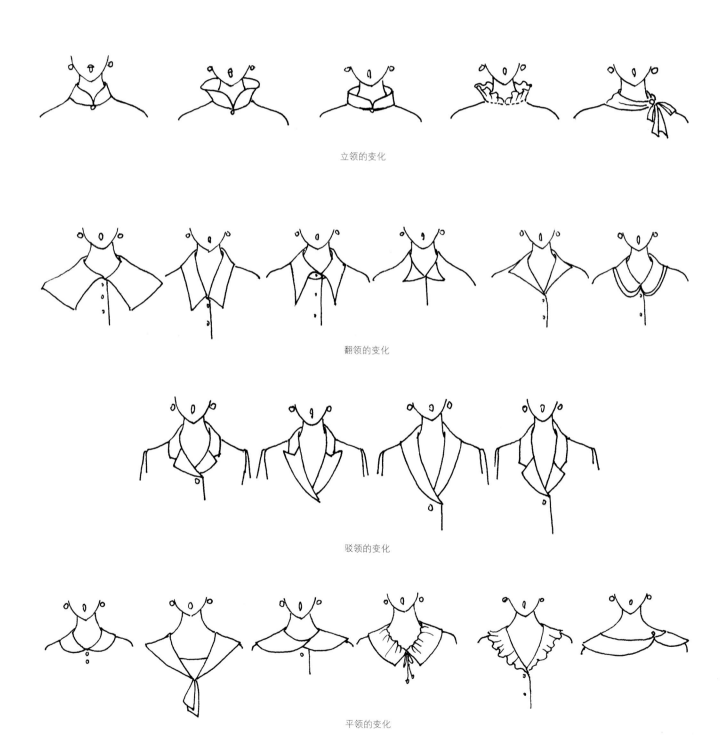

立领的变化

翻领的变化

驳领的变化

平领的变化

图6-62　变化领型

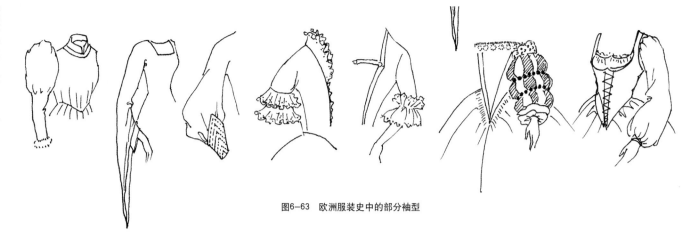

图6-63 欧洲服装史中的部分袖型

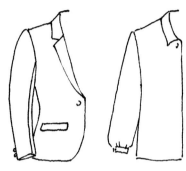

两片袖　　　　一片袖

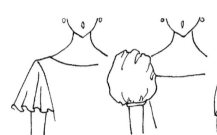

短袖变化

连衣袖　　　　插肩袖

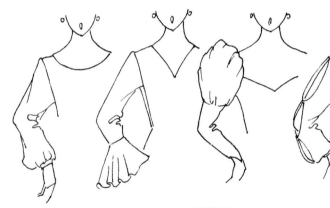

衬衫袖变化

图6-64 袖子的基本款式

这几种形式基础上可以对其做出多种变化（图6-66、图6-67）。

（4）裙子结构线变化：同样一种廓形的裙子，可以变化开衩的位置、尺寸的长短、腰省的数量，还可以将前片两侧加褶皱，把腰省与褶皱结合起来等，产生无数内结构线的变化（图6-68）。

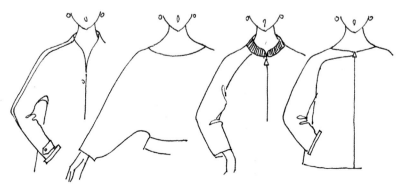

连衣袖、插肩袖变化

图6-65 袖型的变化

（5）裤型变化：同样廓形的休闲裤，可以将穿皮带的裤腰改为穿松紧带的裤腰，这样腰省就取消了，可以把裤脚打开、收拢，还可以改变裤袋的外形等。应当说，在改变内结构上动脑筋，可以创造出无穷的新型服装（图6-69）。

三、细节设计

服装的款式确定后，需要一些细节来进行修饰，例如缉明线、滚边、镶边、衲缝、缝三角针、缝双线、装褶裥，采用富有特征的拉链、金属扣，盘中国疙瘩扣或加一些具有个性的刺绣、珠片绣、荷叶边、花边、缝缀装饰性商标、朵花等。这些细节是相当重要的，它不仅在服装中能起到画龙点睛的装饰作用，还能令人感到服装品质优良，对其产生精致感和信任感，从而无形中提高了服装的档次。因此，设计师在设计服装时不能缺少细节修饰这一设计环节（参见图5-7、图5-9、图5-17、图6-8、图6-10～图6-12、图6-16）。

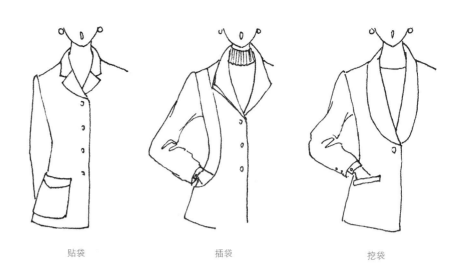

贴袋　　　　　插袋　　　　　挖袋

图6-66　衣袋的基本形式

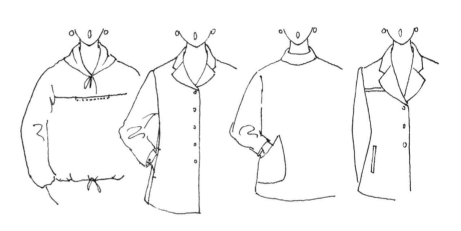

图6-67　口袋的变化

图6-68　裙子结构的变化

同样的廓形，内结构可以进行无数创造。

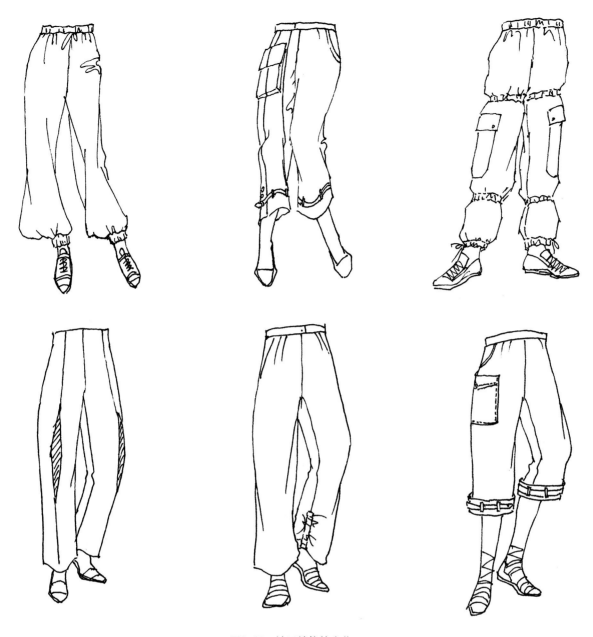

图6-69　裤子结构的变化

第七章　服装设计的程序

第一节　准备阶段

在校的服装艺术类学生是未来的设计人才，应当明确的一点是自己的工作目的不是为了表现自己的个性，或为了展示自己的艺术才能。在我国过去的计划经济时代，工厂生产什么群众就购买什么，基本没有可挑选的余地。现在已经进入市场经济时代，从卖方市场变成了买方市场，设计师的工作是为消费者服务的，消费者需要什么我们就要设计什么，否则在今天竞争如此激烈的背景下，产品卖不出去造成大量库存积压，企业就会难以生存。因此，设计师在设计产品之前做好市场调研工作、信息的收集和分析准备工作是十分必要的。

一、对目标消费群的信息收集

在接受设计任务时，首先要了解和调查以下几个方面内容。

（1）何人（Who）——为谁设计：性别、年龄、职业、文化、消费能力、生活方式、消费心理、消费方式等。

（2）何地（Where）——在什么地方穿：国内、国外、室内、室外等。

（3）何时（When）——在什么时间穿：季节、白天或夜晚等。

（4）何目的（Why）——为什么穿：拜访、运动、旅游等。

二、对目标市场的信息收集

服装产品必须通过市场销售，方能穿到人们身上，这种商品性注定了服装设计必须结合市场需求进行设计才能算作成功的设计。意大利著名设计师安东尼奥·马天尼曾经说过："时装＝艺术＋文化＋市场。"作为设计师，在设计之前必须了解当前市场上你所要设计的服装产品的销售情况，为此市场调研是必不可少的环节。服装设计只有融入销售信息、接近消费者才能取得成功，否则它只能停留于孤芳自赏的状态而得不到传播，最终走向失败。

市场调研可以是问卷式，也可以是直接观察、记录的形式。

1. 问卷式

为了完成全面、深入的市场调研，设计师就要制定一个完善的调查问卷。这个调查问卷可以是充分体现消费者购买意向的顾客问卷，也可以是站在客观立场反映厂家和商家情况的调查问卷。问题的设定尽量做到精细、全面。如对消费者的调研。

（1）您知道哪些服装品牌（调查消费者对服装品牌的关注程度）？

（2）您是否经常购买某个品牌的服装（调查服装品牌是否也能形成稳固的顾客群体）？

（3）您认为以下条件在购买服装时哪一个要优先考虑？品牌、质量、用料、价格、款式（调查消费者的优先购买取向）。

（4）您经常到哪家商场（专卖店）购买服装（通过对消费者习惯性购买场所的调查，实现对消费群体的细分）？

（5）对一套秋冬装，您认为什么价位可以接受？150元以下、150～300元、300～600元、600元以上（调查消费者价格取向，作为制定自己价格策略的依据）。

（6）您可能在以下哪个时段购买服装？春节、双休日、一般节日、其他（调查购买行为是否具有时段性）。

（7）您认为现在服装设计和服装生产中存在的主要问题是什么（了解消费者的意见，以便使自己的设计更为合理）？

2. 观察、记录式

如对某商场、专卖店的调研。

（1）商场名称。

（2）商场环境分析：商场的档次、地理位置、交通便利程度、客流量等。

（3）服装品牌入住情况：统计国内外服装品牌有哪些在本商场销售以及销售情况。

（4）服装店面布置情况：布置的档次、色彩分布、总体风格等。

（5）消费群体分析：来本商场购买服装的消费者年龄、职业、购买能力等。

如对某个品牌的调研。

（1）服装品牌名称，服装产地。

（2）品牌的市场定位，本品牌消费适合的年龄层、销售地。

（3）风格定位。

（4）服装色彩定位。

（5）主要面料及面料的手感、面料是国产还是进口。

（6）服装主打款式和细节记录，细节包括是否有滚边、明线、双线、镶边、衍缝以及拉链头造型、金属扣造型、其他装饰等。

（7）价格定位。

（8）消费者的意见。

以上调研情况汇总之后，设计师都要对其进行文字整理，形成完整的市场调研报告，设计构思时可作为参考。

三、对国际服装发布会信息的收集

国际时装中心巴黎、纽约、米兰、伦敦、东京等地每年的时装发布会，聚集了时装大师们创造下一季流行趋势的最新设计作品，我们可以通过国内外的时装报纸杂志、发布会的VCD、电视、时装网站等媒体对发布会的报道，进行信息的收集和整理，分析时装发布会整体风格上的倾向，从而获取自己最需要的素材。

四、对面料信息的收集

面料对服装的重要性是不言而喻的，但许多人经常是埋头设计而不看是否有这种面料，结果设计了半天却因为找不到合适的面料而只好半途而废，这种例子在学生中出现的较多。我们应当学会平时就注意观察和认识面料，收集面料小样，经常分析它们能做什么类型的服装，以备完成设计任务。另外，不要错过参观面料展览的机会。面料展览一般是在成衣上市的一年前或半年前举办，这里面有着十分重要的流行信息，国内外都有这样的展览，作为服装设计师必须重视。国外的面料展览可以通过相关的报纸杂志得知信息，我们不但要对此特别关心，而且还要将其仔细分析整理。国内的面料展览应多参观，把参观作为一次学习的机会，并且参观时还要充分运用触摸、观察、与厂家交流等方法，了解面料的垂感、质感、手感、透明度，询问其纤维原料组成状况，观察面料的色彩、花纹构成情况等，总之了解得越详细越好。如果实在难于前去参

观，通过报纸杂志了解其相关信息也是可以的，但是一定要把这些信息收集起来加以分析整理，使其变成自己的知识。

第二节　构思阶段

构思也就是进入了正式的设计阶段。服装设计的目的是为穿着者服务的，所以设计师在构思时绝不能脱离上述准备阶段所掌握的消费目标群信息，而我行我素地按个人的喜好来构思。

设计构思的灵感来源是多种多样的，身边的一切事物都可以启发我们的灵感源泉，如一幅画、一座高楼、一朵美丽的花等，或者是服装史中的某一个款式，工艺史中的某一种花布、某一种瓷器、花瓶等，均可以从中得到灵感设计出新的服装。意大利设计师罗伯特·卡布奇在谈到他美妙的时装灵感来源时说："是在卡普里岛时，在切多萨宫殿的白墙上开放的巨大的九重葛的紫绿色前面……是在圣彼得堡教堂听卡拉扬指挥的一场音乐会时……是在南非时，那是我的第一次照相狩猎，我看到一只巨大的彩鸟从黄赭色的风景上起飞……"西班牙设计师巴伦夏加曾以西班牙的斗牛士为灵感，设计了斗牛式无纽短装、佛朗哥短裙。当今的公司的迪奥继承人约翰·加里亚诺自1997年以来，一直从世界各国民族艺术、民俗风情中得到灵感，设计出了许多震撼人心的高级时装。

当设计主题确定之后，款式的构想、色彩的选择、面料的寻觅就都应围绕这一主题开展。这时设计师可以将平时收集的与本主题相关的形象资料与面料小样集中起来运用，如果自己的资料中还没有与本主题相关的，这时就要立即开始寻找和收集。当然，与我们的设想十分相近的国外现成服装款式也不是没有，可以拿过来经过分析、借鉴、修改、取舍，使其最后变成自己的知识，这属于继承型的构思方法。著名的设计师约翰·加里亚诺，也时常借鉴前人的设计，采用更换面料或对款式稍加修改的方法进行设计。当然，这样做的前提是这种资料必须符合设计主题，否则别人的设计即使再好也不能运用到我们的设计中。

第三节　提供设计概念阶段

如果我们的设计是为企业提供下一季的新款式，那么就应当比较全面地展示我们的设计概念，这包括设计主题、色彩选择、面料小样、款式的基本廓形、效果图，并向企业相关人员进行具体介绍。设计主题应与该企业的经营策略、该品牌所追求的理念、想要塑造的形象、下一季的商品计划等相吻合。在选择展示设计概念的图纸时，应当

注意纸的颜色和质感，它们也应与我们的设计主题相吻合。绘图的目的是将设计方案传达给对方，为此必须明确地表达形象，一般要求绘制实际的穿着效果，不必过于夸张，服装细部的特征要交代清楚，尽量标明各部位的尺寸。

选择色彩也要与主题相吻合，而且要有基础色与点缀色之分，符合色彩运用的美学规律。面料自然以国内外流行面料为基础，选择与我们的设计主题相符合的小样，并组合在一起。绘制服装款式效果图时一定要精心，一方面要符合品牌的设计风格，例如休闲服装就要有休闲的气氛，不能像礼服设计那样严谨，同时还要讲究整幅效果图的艺术性和趣味性，使其充分体现出我们的设计能力和艺术水平，使绘制好的图犹如一幅现代美术作品那样能吸引人。

当然，我们在完成服装设计作业时，也应注意以上内容，这是走向工作岗位之前的演练，应当认真对待，不能马虎、敷衍，写设计主题或构思来源时，用词要通俗易懂，表达要清晰透彻，不能临时从报刊、杂志上东拼西凑找一段抄下来应付，这样做是对自己不负责任的表现。

第四节　结构设计阶段

将服装设计款式的各个部位设计成平面的衣片纸样，使其组合起来后能体现款式设计意图，并且符合生产、便于缝制，这就是结构设计阶段的任务。

1989年11月，日本著名设计师君岛一郎在上海中国纺织大学讲课时，直接用剪刀将模特身上的原型衣服，或扩展或收拢、或放宽或缩紧地剪开，以此演示服装的款式设计变化。这种不用纸和笔而直接用剪刀来进行服装设计的方法，充分说明了服装的款式是要以结构来体现的，没有好的结构设计，即使缝制得再好也产生不了美好的服装造型。款式设计与结构设计是不可分的一个整体，它们相辅相成，最终共同实现设计构思。为此，初学者将服装款式设计与结构设计结合起来学习，以达到每设计一个新款式都能为其设计出结构图，这是最为理想的学习结果。

现在，服装企业里聘有专门做服装结构设计的打板师，他们在领会了款式设计师的构思之后，通过不同的方法把款式图变成"板型"，以供其在裁剪面料时应用。一般人以为，打板师只是完成技术活，用不着什么艺术素质。但是做过打板师的人就有深切的体会：现代服装业的打板师和过去的裁缝可大不一样，今天对打板师的要求其实并不比款式设计师低，要想在打板领域里做到游刃有余，除了要有数理概念、逻辑思维以外，还必须要有艺术素质，会形象思维。这是因为，随着人民生活质量的提高，消费者的审美水平也在逐渐提高，对服装个性化的

要求不断加强，要想满足人们对服装时装化、个性化、舒适化的要求，打板师必须有提供个性化服装板型的本事，这可不是一件容易的事。人体体表是一个凹凸不平的复杂表面，体内又有运动着的内脏器官和骨骼关节，它们随时都会让体表的形状产生微妙变化，这就使服装的结构设计在有些部位仅用数学公式做量的推算还无法表达得十分完美，必须借助创造性的形象思维，借助于想象、理解、和谐组合等自由的审美意识来支配。有些分割线的精练处理、省道转移的功能美化、破断的隐藏、褶皱量感的变化等，也必须依靠打板师对美的感受能力、丰富的艺术素养来处理。许多曲线、弧线不是依靠设立众多的坐标点连接起来产生的，而是依靠形象思维、个人对美的感受能力而徒手画出来的，做不到这一点便不能成为一个称职的打板师。

此外，现代打板师不仅要能很快地理解款式设计师的设计构思，还应掌握各种面料的性能和造型感觉，以便根据不同的面料确定板型的尺寸；同时，打板师还应当十分了解服装的缝制工艺常识，以便确定衣片缝份的宽度，并能详细地填写缝制工艺规格单和缝制说明书。在服装行业激烈竞争的今天，作为一个服装打板师，如果不具备上述本领，就很可能会被市场无情地淘汰出局。

第五节　缝制工艺设计阶段

为使工人严格按要求缝制成衣，打板师必须提供缝制工艺规格单，详细注明工艺流程、辅料要求、衬料要求、各处的缝制要求、熨烫要求等。

作为初学者，应当学会自己设计的款式自己裁剪、自己缝制。在缝制之前一定不能心急，参考一下相关缝制服装的指导书，要学会先思考衣服的缝制顺序，这种顺序是以节约时间、操作便利为前提而制定的，在工厂里缝制顺序也叫做缝制工艺流程。例如缝制一件带袖头（克夫）的衬衫，此袖头应当在袖口上安装好之后，再将袖子的袖山缝到袖窿上，而不能先把袖山与袖窿缝合了，再拎着整件衣服在袖口上缝合袖头，这样做不仅容易弄脏衣服，而且还有可能把衣服的其他部位压缝在下面，造成不必要的返工从而浪费时间。有的初学者急于求成，缝好衣片之后立即就想穿上它，于是也不锁边，或者连黏合衬也没熨烫就缝合衣片，这样做成的衣服肯定没有身骨不能挺括，这一切都说明了缝制工艺设计是服装设计极为重要的最后环节。所以，设计师要想实现自己的设计，就必须多动脑子、勤于思考，先设计好详细的缝制工艺流程，然后有耐心、一步一步精心缝制，使服装设计的品质得到有力的保障（图7-1）。

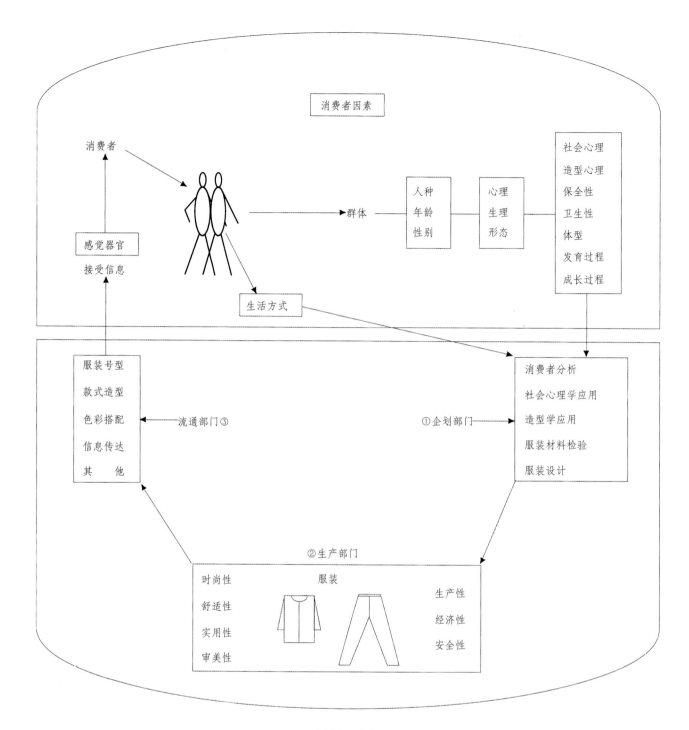

图7-1　服装的企划、生产、流通过程

什么是形式美？客观事物与艺术作品在形式上的美称为形式美，如绘画中的线条、形体、色彩，音乐中的旋律、节奏、调式，文学中的语言、体裁、结构等都是构成形式美的因素。什么是服装的形式美？服装的形式美不是纯形式，它是服装内容的外在表现。服装形式美就其具象而言，应当包括社会生活美、环境协调美、服装设计美、缝制工艺美、材料色质美等，这些都可以说是服装的具象形式美。此外，在服装设计时所运用的艺术规律，如和谐、统一、多样、对称、均衡、节奏、韵律等，就是服装的抽象形式美。

第一节　有机、和谐是服装美的最高形式

服装是否完美，取决于是否有机、和谐，而有机、和谐的本质包括多样性的统一、统一的多样性、比例与尺度、重点强调。

一、多样性的统一

有机、和谐包括多样性和统一性两个方面，这是两个对立面，在完整的服装构成里，它们总是共存的。

多样性是绝对的、统一性则是相对的。多样性就是不一致，从微小的差别到完全不同。例如圆形是最单纯也最统一的几何形，但是组成圆形上的每一个点的位置、方向都不一样，都在运动。可见统一是相对而言的，多样性是绝对的。

我们设计服装，就要在多样性的元素中寻找统一性，使单调的丰富起来，复杂的一致起来。我们设计服装，就要在多样性的元素中寻找统一性。使单调的丰富起来，复杂的一致起来。图8－1中的系列服装款式变化多样，花边装饰的运用使几款上衣形成了风格上的统一，只是花边装饰的位置不同而已。

二、统一的多样性

统一并非是一个面貌，统一具有多样性的本质。统一

的多样性可以分解为最典型的两极：调和与对比、均衡与对称、节奏与韵律等形式规律。

1.调和与对比

以相似、相同、相近因素有规律的组合，把差异面的对比度降到低限度称为调和，调和形式构成的整体有明显的一致性。

例如色彩方面，同种色、邻近色相配合；面料方面，质地相同、相近的面料相配合，都能达到十分和谐的效果。

以相悖、相异的因素组合，各因素间的对立达到可以接纳的高限度称为对比。对比是一切艺术品的生命力

图8－1　服装设计的形式美　多样性的统一

所在。在服装上也是一样，例如款式的长与短、宽与窄相组合；色彩中的对比色、互补色相组合；面料中质地相反、物理性能相异的面料的组合都能产生对比效果。图8－2中的这款服装，长外衣和短裙形成长短对比，短裙又和小上衣形成宽窄对比，而它们都采用了毛料来制作，这是调和与对比的一个范例。

2. 均衡与对称

视觉艺术中，均衡中心两边的分量是相当的，也可以是相等或相近的，于是均衡就可分为规则均衡与不规则均衡两大类。

规则均衡即轴中心两侧的形为等形、等量，通常也称为对称，中山装就是典型的左右对称造型。对称的设计用得很多，这可能与人体本身

图8-3 均衡与对称服装对比

基本属于对称形有关。对于对称的设计物，人的视觉经过反复扫描观察之后，总是停留在中心以求安定。为此"突出中心"这一原则便被艺术家们提出。

不规则均衡就是平衡，即轴两边并非等形、等量，而是指视觉感受上的平衡，像是天平两边等重以后的情形（图8－3）。

3. 节奏与韵律

节奏与韵律在原理上与音乐、诗歌有许多相通之处。

节奏即一定单位的形有规律的重复出现。从形式规律的角度来描述，可以分为重复节奏和渐变节奏两类。

（1）重复节奏：由相同形状的形等距离排列形成。这是最简单、最基本的节奏，是一种统一的简单重复，周期性较短，例如有定型褶的裙子，每个褶的间隔都一样，形成了最简单的重复节奏。

（2）渐变节奏：每个重复的单位

包含逐渐变化的因素，周期性较长。如形状的渐大渐小、位置的渐高渐低、色彩的渐明渐暗等，像音乐的渐强渐弱一样，产生柔和的、界限模糊的节奏和有序的变化。虽然这种变化是渐变的，但强端和弱端的差异仍是很明显的。这是一种流畅和很有规律的运动形式，如果将重复节奏比喻为跳跃，那么渐变节奏就可形容为滑翔（图8－4、图8－5）。

韵律是既有内在秩序，又有多样性变化的复合体，是重复节奏和渐变节奏的自由交替，其规律性往往隐藏在内部，表面上则是一种自由表现。它是较难于把握的一种形式美。在构成中，引诱目光的形可以产生韵律，曲线可以产生韵律，运动轨迹如流线型轨迹、抛物线等可以产生韵律，具备成长感的事物也有一定的韵律，如植物的藤蔓，每天都以向上伸展的弯曲姿态出现，给人一种美妙的旋律感（图8－6）。

图8-2 统一的多样性——调和与对比

三、比例与尺度

比例和尺度都是与数字相关，但是都能转化为可量化的美。

人体各部位的尺寸应符合一定的比例，一般欧洲人为8头高、中国人为7~7.5头高，日本人约为6.5~7头高。服装是人体的包装物，因此也必须符合一定的比例。那么什么样的比例符合和谐美的标准呢？这就是"黄金分割"比例。

1. 黄金分割比

古希腊人很早就发现了黄金分割比，并认为这是最美的比例。黄金分割比是用数学方法获得的适当的比例，即将一个线段分为A（长段）和B（短段）时：A加B比A等于A比B同时也等于1.618。人们充分认识到黄金分割比在造型艺术中的美学价值，并使其在建筑、雕塑、印刷、摄影等设计中得到了广泛的应用，同时还找出

了人类发现黄金比的一个十分神秘的原因，那就是人体本身的模数系统就基本符合黄金分割比。

2. 模数系统

20世纪40年代，法国建筑师勒·柯布希耶以人体的基本比例尺寸为基础，提出了一个由黄金分割比引申出来的体系：假设人的身高为175cm，举起手臂之后总的高度为216cm，肚脐则正好在1/2处（108cm），地面到肚脐和肚脐到头顶恰好是黄金比，肚脐到头顶和头顶到手指顶端也接近黄金比，这一系统被称为模数系统（图8-7）。

可以说，勒·柯布希耶提出的这一模数系统就是对前人在设计领域运用比例、尺度的一种经验总结。

3. 服装的比例

服装是按一定的比例尺寸制作的，如领子的大小、衣袋与纽扣的大

图8-4　服装的节奏感

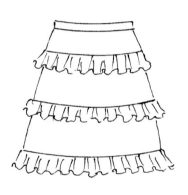
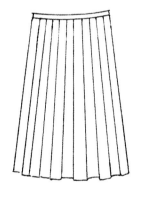

图8-5　节奏感示意图

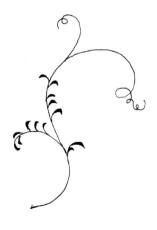

图8-6　韵律感示意图

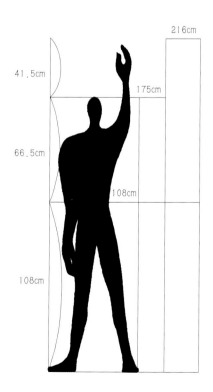

图8-7　勒·柯布希耶模数系统

图8-8　服装的分割比例

图8-9　服装的分配比例

小、配件的大小都是按一定比例制作的。不讲比例的设计可以说是没有的，因为那样就会使服装失去协调和艺术美。服装的比例又可以分为分割比例与分配比例这两种（图8-8、图8-9）。

　所谓分割比例，就是一件衣服与各个衣片之间的尺寸关系，是为了构成完美的整体而分割成个体，因此要优先考虑整体性特征的统一，然后组织可以变化的个体，它是依据人

体的不同体型来确定分割线位置与形状的。服装的分配比例则是服装有了整体的形态之后，依次在其上分配个体，如在分割线上安排纽扣、上衣袋内安排饰帕、衣襟上安排胸针等，而这种安排也应当符合一定的比例。

四、重点强调

　服装的重点，是最吸引人视线的视觉中心，也是服装的精彩之处。有了被强调的重点，服装便像音乐一样

有了高潮。第六章图6-14中的服装设计重点在裙子右面的腰部褶皱上，褶皱散开后的随风飘逸给整件礼服带来了生命力。第六章图6-38中的服装设计的重点是卷曲的领子。第六章图6-18中的服装设计重点是臀部的堆花。

　从以上图例的分析可以得知，强调的视觉中心位置与形状，是根据服装整体构思来进行艺术性安排的。图8-10是一款男装设计，黑毛衣上的彩条织纹很醒目，这就是设计师所强调的重点。当然，有的服装款式本身并没有什么重点可强调，而是表现在着装时以配件、首饰等饰物作为设计的视觉中心（图8-11、图8-12）。

　由此可以得知，以上所述的调和与对比、对称与平衡、节奏与韵律、比例与尺度、重点强调等形式美的规律，可以归纳成量的秩序、质的

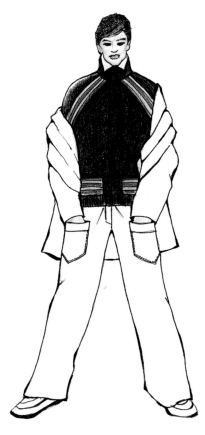

图8-10　重点强调

图8-11　重点强调

图8-12　重点强调

秩序、时间的秩序三大类。调和与对比、重点强调等，在形式美法则中表现为质的变化，属于质的秩序形式；对称与平衡、比例与尺度，在形式美中属于可量化的法则，归于量的秩序系列；节奏与韵律的形式美感，随着人们的视线转移才能得到充分的展现，因此它们是表现在时间的流动之中，在形式美法则中归为时间性的秩序（图8-13）。

第二节　新颖是服装美的终极目标

无论是艺术创造、科学创造、技术创造，其共同特点应当是具有新颖性，服装设计也是一样。而且由于消费者的喜新厌旧心理，服装的流行性极强，消费者对新颖的服装的追求也就更加迫切。因此服装企业和设计师应将新

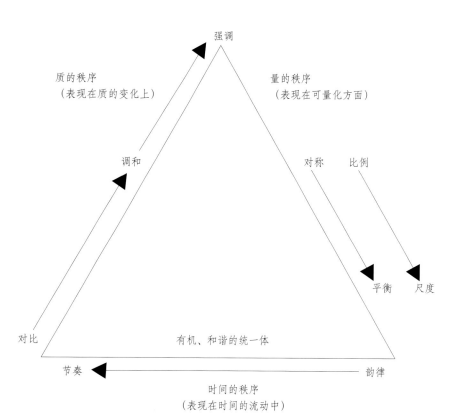

图8-13　形式美法则归纳

颖作为追求服装美的终极目标。

新颖的服装首先建立在科学的合理性上，要考虑生产的可行性、穿脱的合理性、人体的舒适性等科学因素；同时它还不能保守，不能是对前人或他人的设计的重复，要具有与众不同的艺术魅力。可以说，新颖就是服装设计的灵魂。

服装的新颖不仅表现在款式设计的标新立异上，同时也体现在对面料的二次艺术加工、服装的结构设计、缝制工艺等的创新上。

如果服装设计的形式美法则运用得当，最后的成品便会具有以下三个特点：

（1）完整性：整体感强。

（2）层次性：富有层次感。

（3）重点性：强调并突出重点。

第九章　服装设计中的点、线、面、体形态

第一节　点形态

服装中的点引诱着人的视线，是设计师有意强调的部分，因此，服装设计中的点具有引导视觉中心的效果。服装设计用点之处很多，如纽扣、首饰、圆点纹样等都可表现点的效果。

一、首饰

首饰是衣服的附属品，辅助和协调服装美。佩戴首饰的目的是为了防止单调，有时也起强调的作用，因此首饰一般都较为醒目，但是首饰佩戴一定要集中，而且还要与服装的风格相协调。

二、纽扣

纽扣原本是具有机能性的因素，但赋予了设计之后就被关注到了其作为点的装饰性的一面。纽扣的数量、大小、位置不同，其产生的效果也各异。这样，纽扣就起了烘托服装美的作用。

一排等间隔的纽扣，会产生反复中的动感；斜向排列、纵向重复的三粒纽扣，则在反复之中加强了韵味；一粒大的纽扣放在适当位置，会产生强调重点的效果。

在图9－1的这款女装中，前中心领口处设计的一粒纽扣，立即将人们的视线引到这里，它在色彩上与裙子相呼应，在简洁而没有任何其他装饰

的上衣中，这粒纽扣就成为了唯一的重点装饰。

在第五章图5－10的服装中，斜襟上的三组金黄色中国扣，是中西服装风格结合的点睛之处。

三、面料的点纹样

点纹样也称水珠纹样，会产生点的效果。图9－2中的蓝色毛衣织有白色的大圆点，是典型的面料点纹样（参见图6－31）。另外，如果穿着透孔毛衣露出里面衣服的色彩，也会产生点纹样的效果；衣服上如有凸起的圆点、椭圆点或浮雕纹，同样能给人以点形态的印象。透孔毛衣透出里面衣服的色彩，起到了点纹样的效果；衣服上有凸起的浮雕纹，也给人以点的印象。

四、独幅花纹

在衣服的一个部位专门设计的花纹称独幅花纹，如商标式的大写字母、独特的符号、标记、团花等，都能产生强烈的点效果（图9－3）。

图9-1　服装中的点形态（纽扣）

图9-2　服装中的点形态（点纹样）

图9-3 服装中的点形态（独幅花纹）　　　图9-4 服装中的线形态（螺旋线）　张京京设计　　　图9-5 服装中的线形态（之字线）　林若平设计

第二节　线形态

衣服上有很明显的装饰线、外形线，也有不明显的结构线。滚边、镶边、收省、纳褶、抽褶、抽定型褶等形成的装饰线，都可以产生多种不同的线形态。

一、螺旋线

不断地转换角度，产生了螺旋状的悬垂效果，如抽褶的荷叶边便有着强烈的、带有高度韵律的曲线美感，这种手法在高雅礼服的设计中运用较多。在图9-4这款优雅的礼服中，用面料旋转定型产生的大花朵，其边缘形成螺旋线，构思十分巧妙。不过，这种款式要求面料既要薄，又要有一定的支撑力度，如果太柔软则很难成型。

第六章图6-38服装中的领型，左领既长又大而且卷曲，其边缘就自然形成了螺旋线。

二、之字形线

之字形线像闪电，领口、针脚线、下摆处都可运用。有时缝线的针脚线用之字形。之字形包括直线与斜线两

种要素，因此既有硬的性格、也有一定的动感。在图9-5这款服装中，腰节线下面采用了八条斜料缝缀在裙子上，很自然地形成了之字形悬垂线，造型十分别致。

第六章图6-35的服装中有明显的黑白折线，这是面料二次加工产生的。方巾角形成的裙下摆就产生了明显的之字形线。之字形线包括直线与斜线两种形式，因此它既有硬的性格，也有一定的动感。

三、波状线

波状线使人联想到水的波纹，是十分优美的弧线。裙子的波形褶边、急浪形线、喇叭形线、悬垂形线都是波状线。波状线形成的曲线纤细中带着优美，是服装中常用的线。

在图9-6的这款服装中，上衣的袖子呈开口状，并采用斜裁料，使得开口处出现波浪形线，这也是一种别开生面的设计（参见图5-5、图5-9）。第六章图6-34服装中左款的袖子由四层组成，肩部开口使面料自然垂落，从而形成了优美的波状线。第六章图6-10服装中裙左侧腰部斜向纳褶，下摆全部散开，于是形成了腰部的斜线和下摆的波状线。

图9-6　服装中的线形态（波状线）

图9-7　服装中的线形态（缉弧形明线）

图9-8　服装中的线形态（领口滚边线）　楚艳设计

图9-9　服装中的线形态（几何纹样）

给人的感觉也不一样。弧线如果使用不当，服装会产生不合体的效果。

五、滚边线

滚边的目的是使人注意，因此滚边时多用色彩明显的线。比较单调的套装、大衣上滚上编织的边，立即会改变服装的表情，增加服装的趣味性。滚边的手法从便装到时装都可以运用。图9-8是一款连衣裙设计，其领口就采用了滚边线。

四、弧线

弧线是扇形的线，领口线、袖窿线、公主线都是弧线。弧线是连续的弯线，具有一定的美感，表现着柔软、优雅、可爱。服装上的缉明线有时也用弧线，如图9-7中的服装，上衣肩部和袖肘处设计了多条弧形明线，这是专门作为装饰的弧线，反而给人一种坚强、有个性之感。另外应当注意的是，弧线弯曲的程度不同，

六、几何纹样

运用各种形态的点和线条组织的纹样是几何纹样。此类纹样的粗细、疏密、方向、色彩的不同，所产生的形象也不尽相同。几何纹样常运用于轻便服装中，有时礼服也会用印有几何纹样的面料。

运用几何纹样应当注意视错觉问题，因为它和体型有很密切的关系，如横条纹、竖条纹在人体上产

生的视觉效果会截然不同，必须谨慎使用。图9-9是一款长礼服，前面的面料纹样是竖条纹，有拉长人体的视觉效果，后面的面料纹样是横条纹，从感觉上加宽了礼服的下摆，这款礼服巧妙地利用了视错觉和人体的关系。

第三节　面形态

服装中的面形态与点形态、线形态有着质的区别，点形态和线形态在服装中具有自己的独立性，可以单独进行设计并能保持原有形态，基本不受其他因素的支配，而面形态则无法独立，它受面料、款式、人体体型的制约，并在这些因素的作用下，改变它原有的特征，会产生有生命力的新形态。

服装结构设计取得的纸样，均为平面状态，而一旦以面料取代，就会因面料的悬垂性、张力、弹性等而完全改变原有的形态。

人的体型各不相同，体型的差异也决定着服装面形态的变化，如胸部

图9-10 服装中的面形态

图9-11 服装中的体形态 英Christopher kane设计

垂性、弹性、张力等物理性能，根据设计要求"对症下药"，这样才能事半功倍地达到预想的设计目的。图9－10中的裤子面料质地挺括，为此设计师采用了分块面设计，体现出明显的面形态。

第四节 体形态

面形态向第三维展开，就构成了立体的形状，有长、宽、高三个量度，称为体形态。服装的体形态，也就是我们通常所说的外廓形。

服装的廓形极为丰富，但归纳起来可分为两大类：即直线廓形和曲线廓形，不收腰的H型服装属于直线廓形，收腰的X型服装属于曲线廓形。服装穿在身上有前、后、左、右之分，是一个立体的产品，因此设计师必须时刻提醒自己，不要只设计前面而忘记了后面。在图9－11的服装款式中，设计师把等高线的层叠布料运用在粉红色的鸡尾酒裙子和肩部的设计上，使短裙的体积感倍增，也使服装的廓形产生了巨大的变化。

高低不同、胳臂粗细不同便会形成衣前片和袖片面形状的变化。

服装款式不同，自然各衣片的面形态也不同，这是不言而喻的，而服装中的面料质地、性能又可以决定面形态的变化程度，皮革与丝绸有着截然相反的物理性能，相同大小的衣片在各自的服装中所形成的面形态，却是各有特色，这也是众所周知的。

为此，设计师设计服装时一定要全面了解各种面料的手感、质感、悬

第十章　服装的系列设计

在服装市场，消费者有时需要一种面料多种款式；有时又喜爱一类款式多种色彩；还有时希望一套服装多种搭配等。面对这种种不同的需求，设计师必须考虑服装系列设计的问题。

第一节　系列设计的概念

系列设计作为国际性的设计思潮，虽然出现的时间不长，也不像设计创意那样具有某种神秘的性质，但系列设计的确在当今设计界得到了广泛的认可和应用，同时也涉及社会生活的方方面面，如系列丛书设计、系列化妆品设计、系列电视剧设计等。

系列的原义并不复杂，系即系统、联系的意思，列即排列、行列的意思，两者组合在一起，意指那些既相互关联又富于变化的成组成群的事物。服装系列设计的关联性，往往以群组中各款服装具有某种共同要素的形式体现。这些形式要素包括基本廓形或分部细节，面料色彩或材质肌理，结构形态或披挂方式，图案纹样或文字标志，装饰附件或装饰工艺，它们单个或多个在系列中反复出现，从而形成系列的某种内在联系，使系列具有整体的"族感"。

服装的共同要素在系列设计中出现得越多，其关联性就越强，会产生以统一为主旋律的服装系列，这样的服装系列端庄、整齐，但容易流于单调和贫乏。因此，服装系列设计的关键就在于如何在应用"等质类似性"原理的基础上把握好统一与变化的规律问题，所谓等质类似性原理，它包含着既相互联系又相互制约的两方面内容。同一系列的服装，必然具有某种共同要素，而这种共同要素在系列中又必须做大小、长短、正反、疏密、强弱等形式上的变化，使个体款式互不雷同，达到系列设计个性化的效果，从而产生视觉心理感应上的连续性和情趣性。只有这样，设计师所设计出的系列服装才会既灵活多变，又富有统一性。由此可见，所谓系列服装就是具有某种同一要素而又富有变化的成组配套的服装群组。

第二节　系列设计的原则

系列设计的原则简单地说就是如何求取最佳的设计期望值，这一期望值涉及系列的群体关联和个体变异所具有的统一与变化的美感。在我们评判某一系列设计是否统一感太强（结果造成单调感）或变化太大（从而丧失内在逻辑联系）时，这条原则给出了一条可遵循的准则。

在系列服装设计中，假如让某一时装的主要形式（我们常称为基本形）发生一系列的变化，但在变化的每个款式中都能识别出原来的基本形，这种特殊的变换形式被称为某一基本形的发展。由于其中每一款式的形都是最初的或最基本的形的变体，或者说都保留着基本形的影子，所以虽然有一连串的变化，它们之间却保持着紧密的联系，我们称其为系列感。换言之，它们都是从同一母体中产生的，都属于同一血缘，因而有着家族的类似和"性格"上的统一与和谐。

作为母体的基本形，一般是一种"好"形，即简单而又规则的形。它可以是一种规则的几何图形，或者仅仅是一条具有明确方向的规则的线，或者是某种色彩的点等。凡是简单规则的形，即好的形，都会引起一种矛盾的心理反应—既想保留它，又想改变它。想保留它是因为它看上去舒服、自在、合理；想改变它，是因为它看上去单调、规则、无多大刺激性，而由它产生的一系列的变化或变形，实质上是上述矛盾双方的对立统一。

系列时装的每个款式都是母体的变形（或称派生），都具有比母体（基本形）更强的生命力和朝气，因此从总体上看，它是极为紧凑、连贯、系列的。当然这种紧凑、连贯性之所以能够保持，最根本的原因在于基本形（母体）的简化性和规则性。假如基本形这个母体不是一个好的形，就会在系列变形中被变得面目全非，从而使这一系列变形成为各自独立的单位，互相之间毫无联系，也就

图10-1　发掘主题理念的系列设计

不能成为系列。

以上我们探讨了系列服装设计的基本原则及设计特征。在此，可以得出评价系列服装优劣的标准在于以下三个方面。

（1）系列群体是否完整。

（2）个体变化是否丰富。

（3）异质介入是否适当。

掌握了以上这些标准，并能灵活理解和运用，就能设计出优秀的系列服装。

第三节　系列设计的表现形式

服装系列设计是工业社会诞生的产物，是设计师艺术能力成熟的表现，也是设计师对社会时尚、消费习惯、审美心理改变的一种综合认识。优秀的系列设计，关键在于灵感的独特、构思的巧妙、外在形式的相互呼应，因为只有这样才能使服装系列既有鲜明的个性特征，又能体现出系列设计所应具备的功能和特点，从而达到更高的艺术成就。

服装系列设计的表现形式有多种分类方式，如以组成系列的套数来分，通常可分为小系列、中系列、大系列和超大系列；以设计品种来分，可分为衬衫系列、西服系列、牛仔系列、婚纱系列等；也有的是按系列本身的搭配形式来加以划分的。但从系列服装设计的角度而言，可以分为以下几种系列表现形式。

一、发掘主题理念的系列设计

服装系列设计必须要有主题，设计时若没有主题，就不会有清晰的目的和目标，服装系列也就不会有鲜明的个性与特色，因此，在服装系列设计工作中，选择并提出设计主题是非常重要的，可以说，具体设计的第一步是从设定设计主题开始的。第十二章图12-1～图12-4中的服装，是设计师以中国西部风情和佛教、雕塑为主题的系列设计。

设计主题的选择，有多种不同的角度，如有的设计师以地域文化、民族风格作为设计主题的灵感来源；有的设计师则在服装历史上的文化中寻找主题形象；也有的设计师把艺术作品、建筑雕刻、太空探索、生态平衡等作为设计的主题。但一般而言，主题的设定必须能够抓住人们的消费心理和时代脉搏，表达明确的设计思想和设计理念。图10－1中的系列服装，是以我国西藏的民族服饰元素作为设计主题，设计吸收了藏族民族服饰中的普鲁（女性的围裙）纹样、色彩以及毛皮饰边等元素，使设计既现代又富有民族特色，这就是发掘主题理念的系列设计范例。

二、强调色彩主调的系列设计

色彩对服装系列设计尤为重要，在现代服装系列设计形式的流变过程中，色彩的选择必须与主题理念相吻合，使设计出来的服装产生有机的关联而非概念的分离，让人一看立刻就能理解主题色彩中所推崇的生活方式和所标榜的精神状态，唯有如此，才能使系列设计取得成功。

从视觉心理学的角度而言，色彩对人们的视觉感知具有突出作用，

它可以在人们联想的基础上表达特定的情感。1967年，意大利服装设计师瓦伦蒂诺推出"白色的组合与搭配"的纯白系列服装，开创了服装以色彩为系列设计的先河。随着色彩应用的普及和流行色研究的开展，服装设计中着重于显示流行色信息及其应用示范的系列设计日益增多，如"青铜色"系列、"海滨色"系列、"热带森林色"系列，还有纯粹的"黑色系列"、"黑白系列"、"蓝色系列"等，色彩主调的运用分别给设计出来的服装带来了或深沉、浓郁，或古朴、雅致，或明丽、淡雅的色彩情调。图10－2是强调黑、红色调的服装系列设计之范例，整个系列的四套服装都是以红色面料做外套，黑色面料做内衣，局部点缀黄色纹样，在色彩上给人以强烈的视觉冲击。

第十二章图12－6、图12－8、图12－10、图12－12、图12－14、图12－16、图12－18、图12－20、图12－22、图12－24中的服装都是色彩十分鲜艳的系列设计。图12－45中的服装是黄灰色调的系列设计。图12－50～图12－52中的服装是以"新唐装"为主题设计的中式时装系列。图12－54、图12－56、图12－58中的服装是由五种色彩组成的系列设计。

三、注重面料质地的系列设计

在科技进步的现代社会中，服装的原材料日趋繁多，科学技术的进步开发出了越来越多的新面料，仅展现织物表面不同肌理的就有起绒、起皱、起泡、拉毛、水洗、石磨和显纹等多种视觉效果的面料。在系列服装设计中，不同材质的面料对比应用相映成趣，可以使服装产生丰富的效果。图10－3是注重面料质地的系列服装设计，设计师十分重视丝绸的柔软、毛织物的厚重和化纤的挺括所产生的对比效果。

许多服装系列设计还以织物品

图10－2　强调色彩主调的系列设计

图10-3　注重面料质地的系列设计

图10-4　突出基本廓形的系列设计

此系列服装设计的基本廓形为不收腰的H型。

种命名，如纯棉系列、棉麻系列、仿丝系列等，下一章图12－30、图12－33、图12－35、图12－38、图12－39中的服装就是牛仔面料系列设计。此外，单色面料做成的服装系列设计，重视结构造型，而花色面料的服装系列设计则更注意挖掘面料本身的艺术内涵，以增强服装的系列感。

四、突出基本廓形的系列设计

廓形是指服装造型的整体外轮廓，也就是服装的大效果。服装基本廓形最能体现服装的主题与风格，因而有的设计师设计时干脆以廓形代替设计理念。

确定能与设计主题理念相协调的基本廓形，对下一步的设计工作至为关键，从款式构思的角度来看，虽然有些人确实会从某个具体的样式、板型开始考虑，但多数时候，设计师最初考虑的不是服装的具体款式如何，而是整体的轮廓造型，从整体出发，再进入具体的细节设计，这样比较容易产生新的设计形象。

图10－4是突出H型廓形的系列设计范例，虽然造型上有单肩、单袖、斜肩无袖的变化，也有裙摆前后等长、左短右长、右短左长、前长后短等的不同，但始终不变的是设计师所强调的不收腰的H型廓形。

众所周知，第二次世界大战之后，法国服装设计大师克里斯汀·迪奥开创了以英文字母命名的时装系列的先河，继而伊夫·圣·洛朗首先推出了"T型系列"，紧接着又有设计师们的H型系列、X型系列……的出现，时装的系列设计在20世纪50年代达到了高峰。

从20世纪60年代发展至今，服装造型意念的表达呈多元化发展趋势：其一，从廓形的整体转向局部细节，如皮尔·卡丹著名的"袖山几何系列"；其二，从单一的廓形创意系列转向派别系列，诸如"先锋派"、"直线韵律派"、"现代古典派"、"几何新组合"、"金字塔轮廓"等主题系列。但是，这些系列的服装设计仍然重视廓形的新创造，而且廓形由硬挺趋于柔和，设计内涵也更加丰富（图10－5～图10－8）。

图10-5 系列服装设计

图10-6 系列服装设计

图10-7 系列服装设计

图10-8　山本耀司设计的系列服装设计

第一节　流行的概念、发展和特征

一、流行的概念

流行一词从字面上来理解是指迅速传播和风行一时的意思。在生活水平较高的国家或发达国家，流行一词是指个人的事项通过社会人的模仿，而变成社会事项的扩大流动的现象。对于生活水平低下的国家，流行往往是指瘟疫之类的事情。只有当人们生活水平提高，各方面有更高、更美的追求时，流行才包括人民的生活方式。

二、流行的发展

流行是人为的事物，是人们根据人类的心理需求创造的。首先，它基于人类的喜新厌旧心理。服装设计大师迪奥曾说：流行是按照一种愿望开展的，当你厌倦时就会改变它。皮尔·卡丹也曾说过：时装就是推陈出新，这是自然界永恒的法则。其次，它基于人类的模仿特性，善于模仿是人类区别于其他动物的一大特性，设计师们根据这一点，不断发布新的款式以提供人们模仿的流行源。

为了形成流行，众人的共鸣是很必要的，因为支持流行的是大众而不是设计师。

当少数人接受流行意图时，第一表现为这些人对新鲜事物的好奇、共鸣，产生了将新鲜事物纳入生活的喜悦；第二表现为这些人以拥有新鲜事物来显示自己与周围多数人的区别，夸张自己，使自己产生优越感。模仿是人的本能，也是一种社会现象。当一种式样出现并被一些人所接受时，其他人会紧跟上来，一传十、十传百，式样迅速流传、普及，这样便产生了一种模仿流动现象。这个过程往往依靠反复地、不断地扩大，一旦这种模仿流动、扩大开来便产生了流行。然而在流行扩展开来后，新事物的优越性也就不复存在了。

流行有一定的发生源，西方发达国家的流行发生源来自上层社会，如国家第一夫人、社会名流、演艺界明星等。这是有着悠久历史传统的，因为过去和现在，这些人都有名师为其设计服装和形象，百姓出于对其崇拜纷纷效仿，从而便产生了流行。

三、流行的特征

流行不是毫无规律可循的，分析服装历史中的服装变化，可以总结出流行具有周期性和渐变性这两方面的特征。

1. 周期性

流行趋势的变化不是直线上升的，它具有周而复始的性质，因此时常有复古、回归和怀旧的流行信息出现。

2. 渐变性

流行没有突变，只有渐变。图11-1是20世纪女装裙长渐变示意图：19世纪之前基本是拖地长裙，20世纪初裙

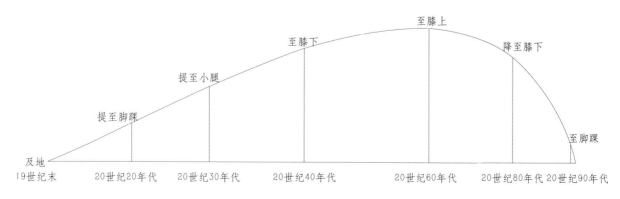

图11-1　20世纪裙长的渐变示意图

摆开始缩短至小腿中部，以后逐年缩短，至20世纪60～70年代出现了迷你裙，裙摆上升至臀部，80年代裙摆开始下降，至90年代裙摆又出现长至踝关节的裙型。从这幅示意图中我们可以很明显地看出流行的渐变特征。

第二节　20世纪服装流行趋势回顾

服装流行是一种社会现象，它的发展趋势是和国家的各种形势变化分不开的，如经济兴衰、环境改善、文化潮流、思想意识、宗教信仰、科技发展、战乱突变等都会影响流行的趋势。在这里，让我们用欧美20世纪服装的流行变化作为典型，回顾和验证服装的流行趋势与社会各种因素变化之间的关系。

一、1900～1909年

19世纪末，女性要求进入社交场所的呼声越来越高，而女装中的紧身胸衣却妨碍了她们参与社交活动，因此她们对改革服装的要求越来越强

图11-2　保罗·波烈设计的帝政线条晚礼服

烈。法国设计师保罗·波烈反叛性地率先在设计中放弃了延续3个世纪的紧身胸衣，设计了高腰修长的"帝政线条"时装，改变了古典的"前凸后撅"的S型，使女性的身体得到了解放。从此传统服装开始逐步退位，而代之以现代新时装。这期间理发店发明了烫发技术，这可以被称为美化女性外表的一个里程碑（图11-2）。

二、1910～1919年

第一次世界大战（1914～1919年）之后，女性开始步入社会参加工作、体育运动，她们取得了社会上的权利与经济上的独立，这彻底改变了她们的社会地位和生活方式，并使她们原有的传统服装受到了极大的打击，促使服装朝着功能化方向发展。在这期间电影问世了，美国平均每天有500万人看电影，人们开始仿效明星的衣着打扮。有弹性的、合理性的织物内衣——胸罩代替了紧身胸衣。女性热衷于短发，以便于打网球、打高尔夫球、驾车、在沙滩上运动等，这促使她们服装的功能性也开始加强。

图11-3　女子滑雪服

图11-4　夏奈尔设计的针织套装

在艺术上，巴黎浓厚的艺术气息促使了毕加索的"立体主义"画派，马蒂斯的"野兽"画派和"表现主义"画派的诞生以及"新艺术"运动的兴起。1909年，俄罗斯芭蕾舞团的演出，震惊并轰动了巴黎，为巴黎带来了东方的艺术之风。保罗·波烈设计的东方风格的系列时装，也受到了极大欢迎。这一切，都极大地影响了服装设计。

第一次世界大战期间长裤进入女装领域，并占有重要地位，它甚至可以进入正式的社交场合。长裤从此成为女装的重要设计元素之一（图11-3）。

三、1920～1929年

科学技术在这时期有了很大的进步。爱因斯坦发明了相对论。科学家们发明了汽车、电话、收音机、电唱机、各种家用电器等。人们都以听无线电为乐，这也改变了人们的生活态度，使他们对未来产生了积极的看法和美好的憧憬。此时的服装设计出现了百家争鸣的现象，维奥内创造了斜裁方法和优雅的露背晚装；夏奈尔个性鲜明地设计了针织套装，并提倡女性剪短裙子和头发，从此"剽悍少女"的形象开始流行（图11-4～图11-6）。

图11-5 夏奈尔设计的针织套装

图11-6 维奥内设计的斜裁礼服

四、1930～1939年

20世纪30年代是艺术和设计的重要时期。

勒·柯布希耶的"新建筑"思想中提出"机械美学"的原理对时尚的影响也相当大。

汽车、火车、飞机、轮船、爵士乐、摩天大楼的出现对时尚的影响也不可低估。玻璃和不锈钢成为建筑的主要材料，流线型成为时尚的设计风格。女性追求生活的品质和享受，要求服装更加体现女人味、优雅，苗条曲线的追求代替了20世纪20年代"剽悍少女"的"搓板"形象。

爆发于20世纪30年代的经济危机令人们产生了"今朝有酒今朝醉"的思想，这个阶段明星效应极强，如与明星穿着一样的时装——浪漫礼服，竟在短期内卖掉了几十万件。1939年美国发明了锦纶，紧跟着出现并流行锦纶袜。

五、1940～1949年

第二次世界大战让制服成为女性战时的共同服装（图11-8）。这一时期服装产量大为减少，服装款式趋向简洁，裙子紧身而短小，上衣造型转向军队宽肩的制服化形式，唯一夸张的是帽子，这一时期的女性帽子造型十分别致而且花样繁多，使她们的头部形象与自然形式大相径庭（图11-7）。

结实耐穿的牛仔裤在战时大受欢迎，战争期间的美国人尤其是大学生都穿着一时蔚然成风的制服、牛仔裤、运动衫（T恤）。战后欧洲各国经济都很紧张，实行物质配给制，人们缩衣节食度日，而美国并未受到战争的创伤，经济的发达使美国人在战后开始转向喜爱高级时装。

1947年2月12日，法国设计师克里斯汀·迪奥举行了豪华的时装展示会，发布了被媒体称为"新外观"的高级时装，这一高级时装款式造型

图11-7 20世纪40年代各式帽子

图11-8 迪奥设计的"新外观"礼服

为紧小的合身上衣配大波浪的喇叭长裙，外廓形为A字型（图11-8、图11-9）。这一"新外观"造型打破了战争时期制服一统天下的局面，其用料奢华、线条优雅的设计理念震撼了整个西方。

这一时期，女性三点式泳装——比基尼出现（由法国人路易斯·里阿德设计）。瑞典的电影明星英格丽·

图11-10 巴伦夏加设计的鸡尾酒会服

褒曼成为此时的时尚女皇。

六、1950～1959年

20世纪50年代是欧洲经济恢复期，妇女极为盼望与战前一样表现自己柔美、温存的一面，从而彻底改变战时那种男子气外表。因此毫无疑问大家都十分崇拜设计师迪奥，这使50年代成为了迪奥的热潮期，同时也是高级时装的辉煌期。服装设计师迪奥、巴伦夏加、巴尔曼主宰着流行（图11-10）。

战争时期"形式追随功能"的观念被奢华、铺张、形式至上的设计观所取代。娱乐界与时尚界充满闪亮之

星：摇滚乐、猫王流行歌曲风靡欧美。明星奥黛丽·赫本、索菲亚·罗兰、玛丽莲·梦露等明星成为时尚偶像。

亚洲民族服饰元素被运用到西方设计大师的设计理念之中。

七、1960～1969年

这十年是"反文化时代"，反权威、反传统思潮盛行时期，被称为"动荡的60年代"。艺术流行波普艺术、摇滚音乐，哲学流行"存在主义"，标新立异是此时的主要思潮。迷你裙是时装界的一个新突破，它由英国的玛丽·奎恩特和法国的辜耶基设计后在欧美青年女性

图11-9 迪奥"新外观"礼服效果图

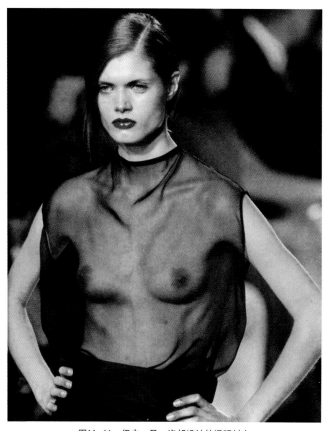

图11-11 伊夫·圣·洛朗设计的透明衬衣

图11-13 维维安·韦斯特伍德设计的服装

图11-12 皮尔·卡丹设计的宇宙服

中流行起来。

当时最受欢迎的设计师是伊夫·圣·洛朗，他的第一件透明、性感衬衫震撼了时装界（图11-11）。他创造了中性服装，并成功地将燕尾服引入女装设计中。

这一时期，国家第一夫人成为时尚偶像。

嬉皮士、披头士、大麻流行。青年人自己为自己设计服装。工业制衣在美国成熟。高级时装受到年轻风暴反传统美学的重创。皮尔·卡丹为纪念苏联宇宙飞行员加加林登上月球，设计了宇宙服（图11-12）。色彩艳丽的碎花面料时装代表了嬉皮时尚。

中国刺绣、锦缎成了西方设计师的设计素材。

八、1970～1979年

20世纪70年代是缺乏性格的年代，年轻人持续着60年代的所作所为，而且变本加厉地采取暴力型激进的政治行为，出现甚至包括暗杀在内的恐怖活动。

这是一个突显自我的年代，中庸裙打败迷你裙，大喇叭牛仔裤盛行，牛仔服以其随意、潇洒、中性等特征风靡世界。

1972～1973年石油危机爆发，美元贬值。随着经济形势的急剧直下，人们悲观、失望，致使服装业失去了中心，各种品牌都尝试制作出不分高级、低级档次的服装。人们开始喜欢大自然的色彩和天然素材。

20世纪70年代是健身俱乐部开始成为热点的时期，这激发了紧身健身服的流行。

服装装扮最为夸张的当属于"朋克"一族，他们光头或仅在头中央留着像鸡冠一样的发型，并把头发染成各种色彩，在身上文身并且穿孔带环，穿各种破烂、不堪入目的衣服。英国设计师维维安·维斯特伍德把朋克装引入时装设计之中，成为第一个把反叛文化改编为主流文化的设计师（图11-13）。这一时期，高级成衣设计师崛起，高级时装设计师纷纷挤入高级成衣制造业，设计师队伍壮大。日本设计师三宅一生、高田贤三等的设计在巴黎大受欢迎，东方的超大型宽衣文化服装震撼了窄衣文化的欧洲（图11-14~图11-16）。巴黎时装界开始意识到，服装设计应当顾及到世界各国的不同文化和审美情趣。日本、马来西亚、印尼服装元素成为了设计师的设计素材和时尚焦点。

九、1980~1989年

20世纪80年代是一个回归的年代，从动荡、反叛回归到平稳、保守。人们重新讲究享受和物质主义。女性重新追求服装中的浪漫主义，英国首相撒切尔夫人、美国总统里根夫人成为女性的榜样。流行"雅皮士"穿着：男士穿宽垫肩西装、打领带，女士也穿宽垫肩、裁剪精致的正式服装以及短而紧身的裙子和讲究的衬衣（图11-17）。

20世纪70年代崛起的美国设计师卡尔文·克莱恩、唐娜·凯伦设计的品牌此时成为知名品牌。

日本10名设计师在巴黎制造了"黑色旋风"风暴，川久保玲以乞丐的穿着为灵感设计了"乞丐服"，表

图11-14 三宅一生设计的服装

图11-15 高田贤三设计的服装

图11-16 高田贤三设计的服装

图11-17 君岛一郎设计的宽肩套装

现了日本的审美概念（图11－18）。以马丁·马吉拉为首的比利时六才子设计师崭露头角。

戈蒂埃为歌手麦当娜设计了表演服，内衣外穿胸罩款式成为时尚的象征（图11－19）。

中国脸谱、书法、佛珠等文化精髓开始在国际时装舞台上展现。

1985年世界卫生组织宣布：艾滋病是一种严重的流行疾病，是那些性放纵的年轻人的恶报。

臭氧层的破坏、大气的污染成为人们越来越关注的话题。20世纪80年代末，一些超级名模在T形台上反对穿着皮革时装，提倡保护动物，拒绝为皮革服装做模特。此时保护环境被提到时装议事日程。

图11-18　川久保玲设计的"乞丐装"

图11-20　三宅一生设计的富有高科技情调的服装

十、1990～1999年

20世纪90年代世界发生了翻天覆地的变化，经济开始全球化。

高科技的发展，计算机的快速普及令人吃惊，它们同时也改变了人们的生活方式。休闲成为主流，简约成为时尚。减少主义、极限主义的时装是90年代的时尚。

现代科技日新月异，富有高科技味道的时装大行其道（图11－20、图11－21）。世纪末将至，时装界出现富有怀旧情调的设计。

约翰·加里亚诺入主迪奥品牌，

图11-19　戈蒂埃设计的胸罩外穿式连衣裙

图11-21　三宅一生设计的富有高科技情调的服装

图11-22 汤姆·福特设计的服装

图11-23 破洞、磨损成为牛仔裤的造型手法

为这个时装王国打开新的一页。中国、日本等亚洲国家的民族服饰，再次成为西方时装设计的灵感来源。时装界大吹"东方风"将近十年。

原本制作皮件的路易·威登公司开始拓展时装设计，马克·加克伯斯的加盟使其成为世纪末的热门品牌。简洁、舒适、运动、休闲的美国风格时装成为穿着的主流，美国设计师设计的服装为巴黎、意大利乃至全球的服装带来了新鲜空气，如1994年汤姆·福特为古姿设计的露脐装就产生了全球效应（图11-22）。此后牛仔裤出现了低腰造型以及在面料上破洞、磨损、拉毛等手法，这种乡村风格一直引领着服装的时尚潮流（图11-23）。

从20世纪百年服装流行的蜕变，我们可以看到其映射着时代思潮、社会变化、科技发展和政治风云。服装和女性的角色息息相关，它比世界上任何一件事物都更真实、坦率地表达了女性的思想。

创造流行不是一件简单的事，它不仅需要设计师对国际时事、科技、文化等有一个全面的了解，还需要对服装发展具有洞察力，能掌握消费者心理。美国设计师卡尔文·克莱恩20岁毕业于美国著名的时装科技学院。当20世纪70年代时装界一哄而起推出套装时，克莱恩没有跟风，他预测到新兴的运动热潮将主宰美国人的生活方式，于是他及时推出运动系列休闲服，结果这一举动取得了极大成功。他又不断扩大经营范围，包括经营女装、男装、牛仔服、香水、配件等，到1981年一年盈利达到4亿美元。他说：其实我只是探究女士们所想的，推测大家想要什么东西以及大家感觉的改变。卡尔文的目标是普通消费者，他的设计风格朴实无华，体现美国的现代精神、美式的随和风格。这就是设计师创造流行的成功秘诀所在。

服装设计是有一个过程的，通常是设计师有了消费目标后，去寻找相关的资料，在占有大量资料的基础上，产生新款式的构思和草图，也有的设计师是将大量的面料披在人台上反复思考、琢磨，从而产生新款式的。下面我们举几位设计师的作品实例，具体阐述服装的设计过程。

图12－2～图12－4这三款设计草图的灵感来源于西部风情（图12－1）。敦煌的烈烈风沙，大唐帝都长安城落日熔金般的天空，汉唐盛世的文化精神，造型劲健、雄浑的汉代器物，唐代的壁画、彩塑、服饰……都成为设计师的设计源泉。设计师从大漠的苍凉中，感悟到了漫漫黄沙的坚强；从敦煌的灿烂文化、丝路花雨的烂漫华美中，品味到了纯粹的东方之美。

图12-1 灵感来源图片

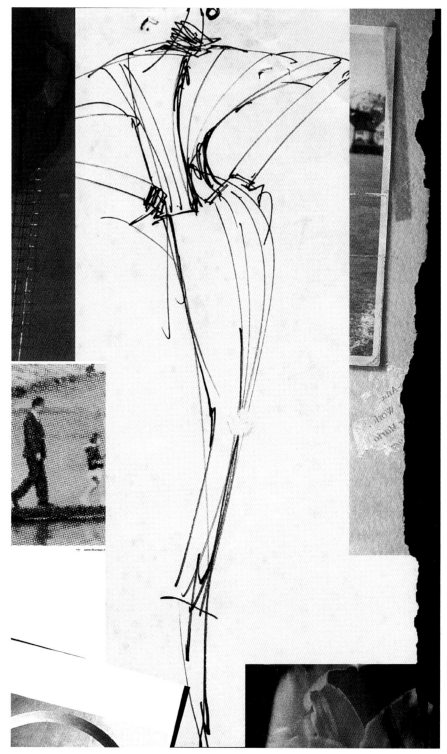

图12-2 设计草图 张肇达设计

图12-3 设计草图 张肇达设计

图12-4 设计草图 张肇达设计

这是一套现代休闲服设计，设计师以菱形的镶拼裘皮与棕色皮革作为设计的主要元素，将棕色皮革的反面斜搭在模特肩上构思、造型，使皮革正反色彩的差异与菱形裘皮中的色彩相呼应。右腿部加缀了一块黑地珠片绣增加了整套服装的贵气和华丽。黑靴子边缘装饰了浅粉红色的裘皮，使之与上肢手臂和上身斜挎的裘皮装饰形成呼应。此套服装整个外形追求不对称美和表现女性的性感，力求将皮装时尚化。

经过试装后，设计师感到在色彩上还缺乏对比，于是将靴子的黑色改成墨绿色，并在头上和颈部分别加上了华丽的羽毛头饰和绿宝石项链，经过这样的修改这套时装立即产生了动感（图12-5、图12-6）。

西藏项链

正反皮处理

加毛边装饰

加毛边装饰

皮毛做裙

珠片绣

毛边装饰
呼应上方

加流苏

图12-6 休闲服设计之一 王新元设计

图12-5 设计草图 王新元设计

图12-8 休闲服设计之二 王新元设计

这套服装上衣采用彩色裘皮制作而成，其棕色皮革的袖口为不规则的喇叭状，裤子为皮革与面料相拼，裤脚与袖口相呼应均呈喇叭状。此套服装的主色调为棕色调，视觉重点为腰间一条由藏民用白色贝壳与红色珍珠手工穿制而成的，镶嵌绿湖石并具有强烈的民族色彩的腰带。

设计师设计出来后原本感到腰间太空，准备在胸部下面加上流苏，但又怕太琐碎，最后决定还是不加，让腰间空白处显示出节奏感。为了在舞台上增加气氛，设计师还增加了羽毛头饰和右臂的悬垂金珠，使它们与金色的鞋子形成呼应（图12-7、图12-8）。

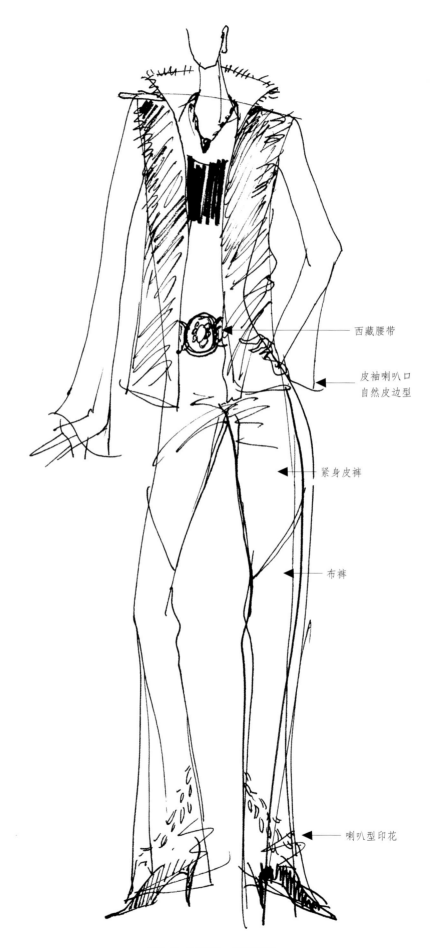

西藏腰带

皮袖喇叭口
自然皮边型

紧身皮裤

布裤

喇叭型印花

图12-7 设计草图 王新元设计

图12-10 礼服设计之一 王新元设计

料，领口镶有紫罗兰色裘皮。为了使大面积的白色裙料不显单调，其上加了本色机绣珠片纹样。

在试缝过程中，设计师发现狐皮的一条腿垂下来正好可以设计成左边的袖子，而且将欧根纱缀在白色裙子的外面更有层次感。从此套服装中我们可以看出，设计时必须注意疏密变化，包括纹样的安排、褶皱的布局等。此外，服装穿着后是立体的，在设计时必须像做雕塑那样照顾到前、后、左、右四个方向。这件礼服虽然整个背部是裸露的，但是狐皮从头上垂下来正好形成了披风，因此从礼服的后面看这套服装仍然相当优美（图12-9、图12-10）。

这套礼服的灵感来自一块漂亮的浅蓝色狐皮。设计师的构思是既不想破坏这块狐皮的完整性，又要充分展示时装的魅力，于是便将狐皮盘在模特头上，使其在形成帽子后自然地披在背上。礼服的总色调是由这条狐皮的浅蓝色确定的冷色调，上身采用最冷的红色—玫红色，裙子以白色过渡，缀以玫红色欧根纱，脚穿玫红色鞋。为了显示礼服的华贵与高雅，上身的面料运用了珠片绣的质地与裙子上的欧根纱相呼应的透明蕾丝花边

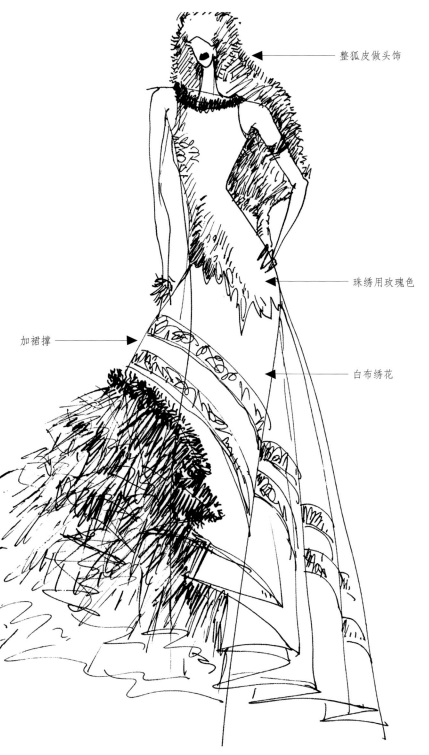

整狐皮做头饰

珠绣用玫瑰色

加裙撑

白布绣花

加纱、加毛

图12-9 设计草图 王新元设计

赘，最后还是将其去掉了，而代之以手拿绿色羽毛扇，这显得比当初构思的款式精简多了。在舞台灯光映射下，礼服腰间红绿相间的大花装饰十分显眼，红绿色呈现出的强烈对比既不俗气，又很和谐。"万绿丛中一点红"在这里得到了很好地体现（图12－11、图12－12）。

图12－12 礼服设计之二 王新元设计

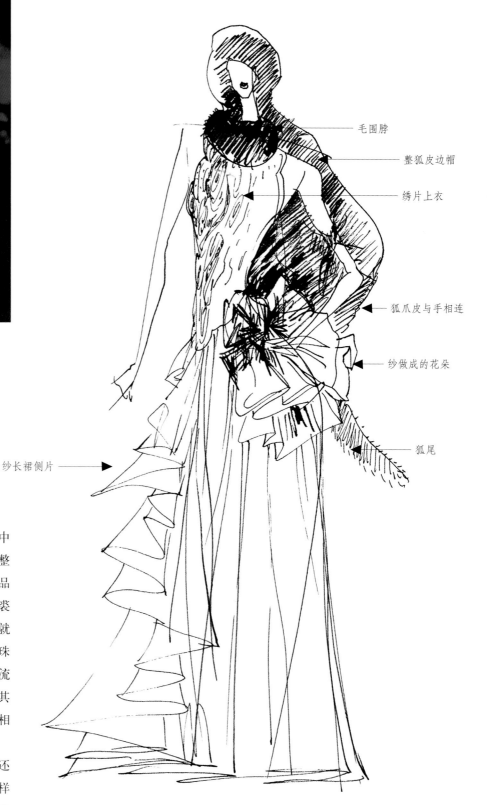

毛围脖

整狐皮边帽

绣片上衣

狐爪皮与手相连

纱做成的花朵

狐尾

纱长裙侧片

图12－12中的礼服与图12－8中的礼服有异曲同工之妙，不过由于整块狐皮是绿色的，也就决定了此作品的主色调为绿色调，其中有中国红裘皮围巾作为补色点缀，红经绿纬织就的欧根纱大花做腰间装饰。上身的珠片绣蕾丝冷暖色相间，并缀以串珠流苏，裙子采用橄榄绿色光缎面料，其上绣的深蓝色花纹与上身冷色珠片相呼应。

设计师在构思草图时，裙侧还加了褶皱悬垂而下的欧根纱，但这样会使做好的礼服穿着后走动起来很累

图12－11 设计草图 王新元设计

图12-14 礼服设计之三 王新元设计

设计师在设计这套礼服时既显示了服装的女性化风格，又显示了服装的前卫性风格。上衣的左边部分和裤子的右边裤腿处用白色珠绣蕾丝花边面料，而右边露出的胸衣和左脚的长靴则由黑色皮革制作而成。左脚为黑高靴，右脚为金色皮鞋，白色裘皮穿插于腰间，头饰上又点缀了白色欧根纱，整套时装的用料使黑白两色产生了透明与不透明、吸光与反光等多层次变化。这种在一套时装中既表现女性美又表现前卫的设计是该设计师的第一次尝试，这种设计突出了整套礼服形式上的对比，但又不感到突兀（图12-13、图12-14）。

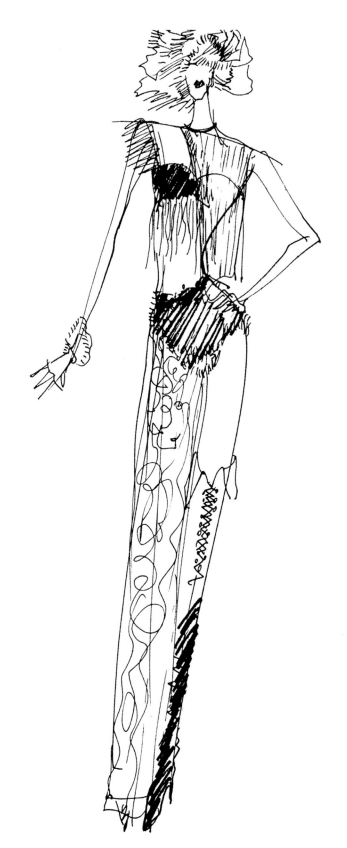

图12-13 设计草图 王新元设计

绣花无纺布制作而成，裙子是一块三节斜裁的蕾丝面料，领子、帽子和护腿处采用宽大的裘皮面料。

由于短裙腰间以斜向宽带装饰，又悬垂了不少裘皮条带，如果裙子再采用倾斜的三节分割就会显得十分琐碎，因此短裙造型最后改为前开门的一节裙（图12－16）。但据设计师讲，这套时装无论如何也不如他梦中的那款精彩。

图12-16　礼服设计之四　王新元设计

设计师在紧张的创作过程中，时常从梦中产生灵感，下面这套礼服就是设计者梦中灵感的体现。设计师曾经有一块白色绣花无纺布，几次设计都没有将其用掉。但在梦中，他竟然梦见了在巴黎高级成衣展参观时遇到的一位法国设计师，这位设计师提醒他说："你有裘皮吗？用裘皮就行了。"这一提醒竟使他在梦中立刻做出了一件很好的时装，他在极度兴奋中从梦里醒来，于是，他马上找笔记录了下来，一大早就赶到公司设计了以下这套时装（图12－15）。这套服装以白色调为主，上衣是由那块白色

全身白色调
手套为无指灰色手套

图12-15　设计草图　王新元设计

图12-18 礼服设计之五 王新元设计

设计师十分遗憾的是，穿这套衣服的模特上台时忘记了戴那条具有西藏独特风格的项链。现在我们看到的照片只觉得模特颈部空荡荡的，缺了点什么。设计师花费很多精力和时间完成一套时装的设计，上台演出时仅十几秒钟，但却由于穿着不当，留下了这样的缺憾（图12-17、图12-18）。

这是一套民族味很浓的短装礼服，富有现代感，可以在鸡尾酒会上穿着。它以冷色为主色调，裘皮正反两用，裙子和皮靴都采用反面并边缘露出浓密皮毛的裘皮。上衣展示的是苗族龙狗纹样的绣片，其玫红底用料是由藏族的彩色哈达制成的。头上的装饰采用与上衣相同的绣片。裙身上缀有金色的抽象图案。整套时装在粗犷中透着细腻，并将民族风格融合于时尚之中。

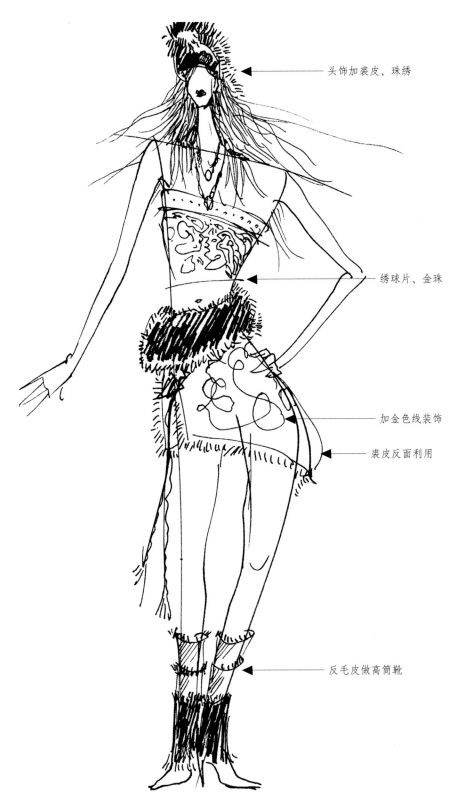

◄—— 头饰加裘皮、珠绣

◄—— 绣球片、金珠

◄—— 加金色线装饰

◄—— 裘皮反面利用

◄—— 反毛皮做高筒靴

图12-17 设计草图 王新元设计

图12-20 礼服设计之六 王新元设计

此款礼服设计师想表现粗犷的风格，于是设计了不整齐的边缘外翻、省道外露的皮革胸衣、翻边皮革长手套、高筒皮靴、有毛边裙料的裙子以及不规则折叠的裙身。低腰露脐长裙、裸肩露臂的贴身胸衣表现着时尚；裙子上安排的金色补花和印花图案、羽毛头饰以及珍珠立体项链等，则使整套礼服在粗犷中透着精致（图12-19、图12-20）。

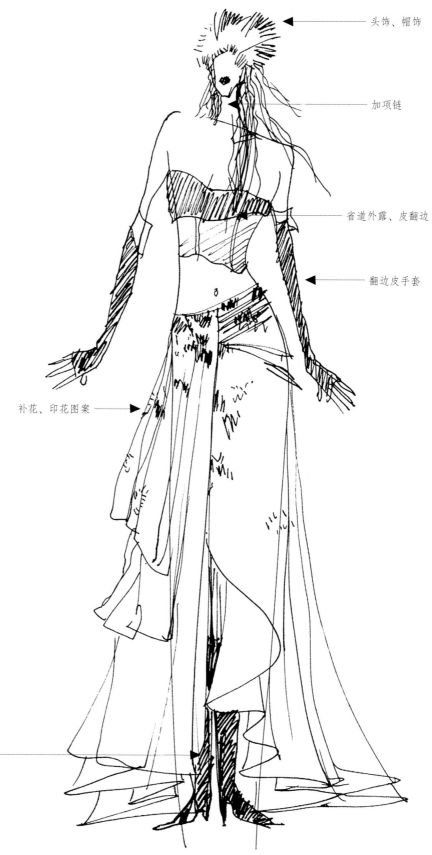

头饰、帽饰

加项链

省道外露、皮翻边

翻边皮手套

补花、印花图案

黑色或棕色皮靴

图12-19 设计草图 王新元设计

图12-22 礼服设计之七 王新元设计

这套礼服的装饰重点在裙子上。设计师为了迎合国际服装界回归"洛可可"风格的风潮，在裙子上运用了多种装饰元素，如各种图案的绣片、多色的皮毛、金色丝带、钻石等，并且在裙内还加了裙撑。为了使礼服有强烈的整体和时尚感，设计师还用了透明的蕾丝面料做胸衣，并在其上缀以黑色小串珠花纹。

试衣时，设计师感觉上下不够连贯，于是在胸衣的左侧加缀了流苏，使其与裙身产生连贯性，并且使项链的下端与胸衣相接，这样就显得礼服设计得既有跳跃性又有连贯性，产生了视觉上的流畅感。整套礼服在色彩上以冷色调为主，西藏的松石、绿宝石项链和头饰既符合总体色调要求又增加了"洛可可"风格的气氛（图12－21、图12－22）。

头上的帽子用羽毛、毛皮装饰

西藏项链

用各色绣片、毛皮和宝石绣补裙身

图12-21 设计草图 王新元设计

这套礼服的灵感来自模特脚上的那双深棕色半筒靴，因为靴子的跟部和前部都镶有闪光的钻石，显得相当漂亮。这套礼服裙子采用与靴子相匹配的棕色皮革面料立体裁剪制作而成，风格前卫，腰部斜挎流苏腰带。

上衣采用华丽的珠绣蕾丝面料，并在其上左侧缀以水晶垂珠流苏。衣领口处以一条灰色的高贵裘皮作为过渡，使其与羽毛头饰相呼应，这样整套礼服显得既现代又高雅（图12－23、图12－24）。

图12-24　礼服设计之八　王新元设计

图12-23　设计草图　王新元设计

图12-25 灵感来源图片

这是设计师房莹为费莲娜·Z 2003年春夏装设计的丝绸休闲女装。

设计师受木纹、冬天的雪景、淡蓝色蕾丝面料、黄色细条纹纸等形态的启发（图12-25），参照国际流行趋势在色彩、款式、面料等方面的信息，结合中国年轻女性的体型及消费水平等需求，设计了吊带小衫与七分裤组合的休闲女装，设计师在草图中注明了小衫面料采用双色蕾丝，色彩为淡蓝、灰蓝双色，款式结构要求套头，前中心开衩系带；裤子面料选用天然棉制成的卡其布或灯芯绒，款式为裤口抽褶、斜插袋的七分裤。在草图的基础上，设计师画正稿时是根据企业生产的要求，很正规地以穿着效果来表现的，并附有款式的正面与背面图样（图12-26、图12-27）。

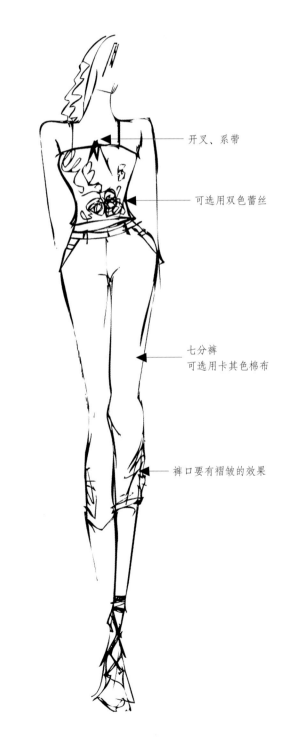

开叉、系带

可选用双色蕾丝

七分裤
可选用卡其色棉布

裤口要有褶皱的效果

图12-26 设计效果图 房莹设计

图12-27 设计草图 房莹设计

这里介绍的设计师陈闻的作品共分为四个主题。第一主题：激情印第安。这一主题的灵感来源于强悍、神秘、野性、图腾崇拜的印地安民族（图12－28），这使设计师设计出来的服装既有北美风貌，又有果断、勇敢的西部风情。

这一主题服装的色彩为靛蓝色、棕黄色、红色及银灰色等；配件为牛仔靴、皮质腰带、大围巾、牛仔帽、爱斯基摩帽、皮手套等；款式细节为具有民族风格的印花、粗犷的手缝线迹、毛边、流苏、棒针毛衫等（图12－29、图12－30）。

图12-28　灵感来源图片

图12-29　设计效果图　陈闻设计

图12-30　设计效果图　陈闻设计

图12-31　灵感来源图片

第二主题：都市新经典。随着经济全球化、世界各国的无限沟通，使得东方与西方、经典与现代、职业与休闲都可以在折中主义的旗帜下融合。这一主题的灵感来源为白领一族演绎轻松、简洁、时尚的都市休闲装（图12-31）。这一主题服装的配件为棒球帽、工装帽、斜挎包、军靴、银色闪亮配饰；款式细节为牛仔裤中的条纹、砂洗做旧布、多排线迹装饰；色彩为靛蓝色、深咖啡色、米色、红色（图12-32、图12-33）。

图12-32　设计效果图　陈闻设计

图12-33　设计效果图　陈闻设计

第三主题：街头流浪者。受游牧民族风貌和乡村气息的启发，这一主题的灵感来源为街头时尚和嬉皮风格的服装（图12－34）。

设计师运用大量艺术化的手工制品镶拼，使服装夸张而个性化。这一主题服装的色彩为番茄红色、白色、海军蓝色、橘红色、灰色与黑色等；款式细节为连帽衫、拉链夹克、多袋裤、镶拼针织衫、波普艺术的印花图案金属、破洞、补丁、条纹织带；配件为宽腰带、金属徽章、牛仔背包、粗长围巾等（图12－35、图12－36）。

图12－34　灵感来源图片

图12－35　设计效果图　陈闻设计

图12-36　设计效果图　陈闻设计

第四主题：神魅巴洛克。这一主题的灵感来源为18世纪巴洛克的服饰风格（图12-37）。设计师用现代的手法表现了巴洛克的华丽，让野性的牛仔与神魅的艺术相融合，将原始的工装带入了华丽的殿堂。这一主题服装的色彩以深红色为主，辅以金色、紫红色、正红色等，使服装整体增加奢华感；款式细节为具有艺术风格的浓密刺绣、对称装饰线、水钻装饰、各种材质的拼贴等（图12-38、图12-39）。

图12-37　灵感来源图片

图12-38 设计效果图 陈闻设计

图12-39 设计效果图 陈闻设计

设计师鲁莹设计的这几款服装灵感均来源于画报上的图片（图12－40），图片中的色彩有橙色、黑色、白色、灰色，有不规则的格子、植物纹样、针织网眼等。而以此为灵感设计的秋冬装设计草图（图12－41），

有砖红色长袖高领连衣裙配中灰色大衣，无领短袖格子面料上衣、格子面料一步裙套装，中灰色长袖短夹克、浅驼灰色系带绣花裹式长裙套装等，最后选定黄灰色大衣绘制效果图（图12－42）。

图12-40　灵感来源图片

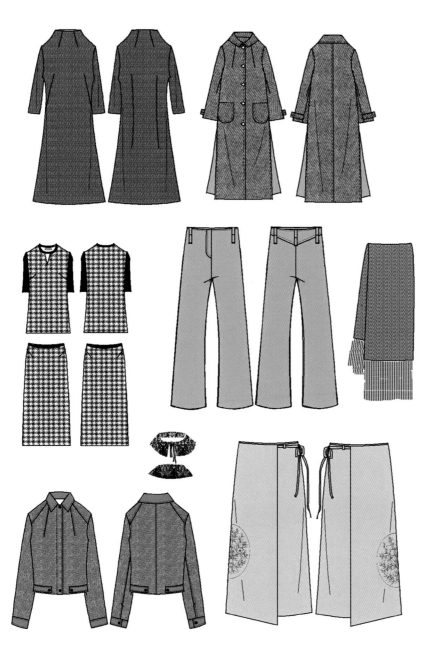

图12-41　设计草图　鲁莹设计

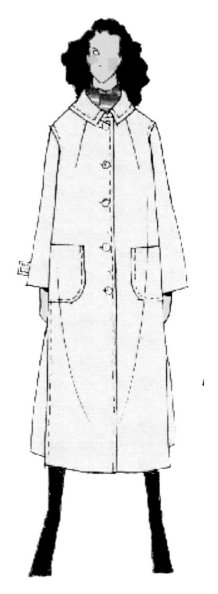

图12-42　设计效果图　鲁莹设计

图12－43的灵感图片中，色彩有浅绿色、黄绿色、深绿色以及黑色、白色，形象主要是植物。在这春意盎然的图片启示下，设计师的设计草图跃然纸上，其中有采用黑色、白色条纹印花面料的长袖、非对称翻领、下摆抽褶的上衣与印花斜摆裙形成的套装，印细线条灰色面料无领长袖上衣与低腰长裤形成的套装，拼料、无袖、变形领上衣，拼料、长袖、斜襟、小翻领上衣等。最后的效果图选用整体为绿色调面料的荷叶领衬衫、V形领口无领外衣，花呢一步裙套装（图12－44、图12－45）。

图12-43 灵感来源图片

图12-44 设计效果图 鲁莹设计

图12-45 设计草图 鲁莹设计

下面介绍的是设计师张茵以风景、静物等为灵感设计的休闲服、礼服、舞会服和表演服系列。

图12-46灵感图片中笔直的管道，直线与块面的对比，灰石青色、砂土色、水泥色等组成的灰绿色调以

及画面的粗犷质感，都令设计师充满了想象：灰绿色调很适合在休闲服中使用，粗犷的材质感可以联想成亚麻布、棉毛混纺针织面料等，画面上模糊的浅灰蓝色可以设计成面料的局部喷涂印染，笔直的管道、线与面的对

比可以是服装简洁的直身造型和大口袋与系带结构的借鉴。在细节上采取缝份外翻、随意喷绘的图案以显示服装粗犷的效果，拉链、气眼等金属配件与画面中的管道材质十分相吻合（图12-47）。

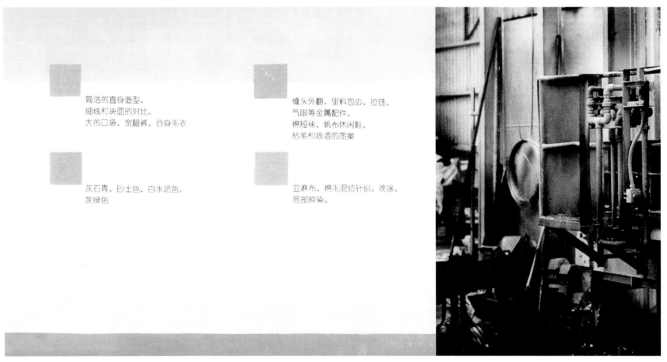

图12-46 灵感来源图片

图12-47 休闲服设计效果图 张茵设计

图12-48　灵感来源图片

　　咖啡色加豆绿灰色沙发，点缀着墙角的熟褐色干花，地上铺着的浅豆绿色花地毯，前景中墨绿色的椅子和玻璃桌面，设计线条流动的天花板与地面（图12-48），这一切都启发了设计师对图12-49这组休闲服的设计。整个系列服装呈现的是流动的感觉，服装别致的造型与画面上个性突显的茶几、靠窗摆放的沙发靠背等相映成趣。在色彩上，服装的豆绿色、咖啡色、熟褐色等与灵感画面上的色彩十分相似。

图12-49　休闲服设计效果图　张茵设计

图12-50　灵感来源图片

　　室内陈设图片中修长造型的沙发，灵巧镂空的浇铸装饰铁花，沙发靠背上的波浪曲线，玻璃面茶几，红色地毯以及整个画面呈现的黑紫暗色调都是此系列礼服的灵感来源（图12-50）。在礼服设计过程中，设计师首先采用了柔软飘逸的丝绸、精纺

毛针织、蕾丝等高级面料，这些面料与灵感图片上的毛料沙发面料十分相似。整系列礼服设计的款式修长合身，且线条流畅，这是从灵感图片沙发造型上得到的启发，而模特头上的面纱则是受到玻璃茶几的启发（图12-51）。

图12-51　礼服设计效果图　张茵设计

此套舞会服的设计灵感来自这张彩色玻璃杯照片（图12－52）。玻璃的透明质感，高纯度的红色、黄色、绿色、蓝色与杯影交错产生的间色使画面五彩斑斓，这为服装设计带来了源源不断的灵感。效果图上款式的层叠效果，色彩的丰富多变，装饰用的透明光片、珠片、荷叶边、塑料腰带、塑料靴等，都是从灵感来源图片中得到的联想。透明材料的运用与玻璃杯材质十分相似（图12－53）。

图12-52　灵感来源图片

图12-53 舞会服设计效果图 张茵设计

图12-54　灵感来源图片

　　这一系列表演服的灵感来自某一个电影镜头（图12-54）：不同深浅的蓝色、白色等组成的蓝色调画面，画面上的天空中展翅飞翔着许多灰蓝色的怪鸟，楼与楼之间透着浅蓝色的天空，整个画面显得神秘、怪异，似乎在讲述着一个灵异传说。由此画面想象的表演服的设计，自然是比较前卫、怪异的。设计师采用贴身裁剪、雕孔垂挂、网状编织、内外穿插的造型手法展示了这组表演服的另类风格。效果图的色调与镜头画面极为统一，与款式结合起来又透着神秘。电影镜头中软硬结合的材质使设计师在设计中联想到了皮革与细针织面料、钩编与弹性面料的结合运用（图12-55）。

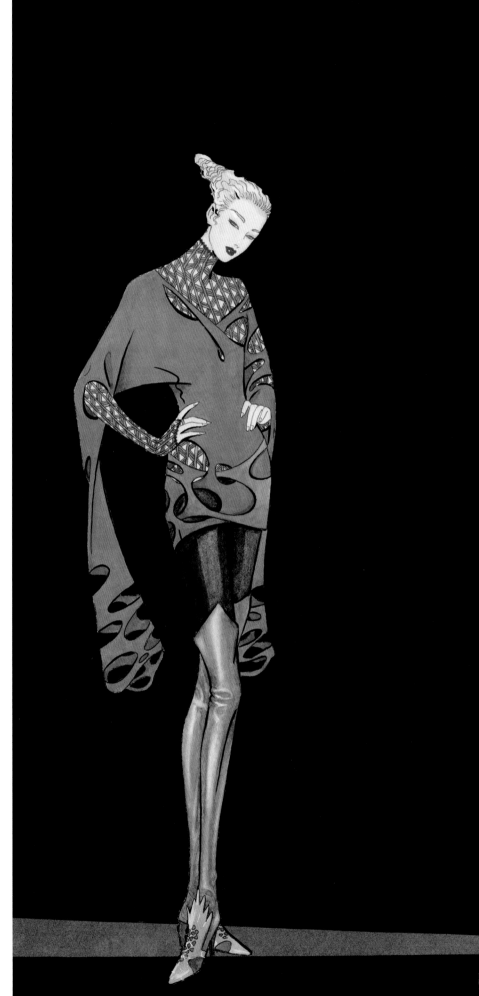

图12-55 表演服设计效果图（局部）

图12-56 灵感来源图片

图12-58 小礼服设计 房莹设计

此款黑色小礼服是设计师房莹为"2006 CLAIRE FANG"时装发布会设计的一款新式连衣裙，其设计灵感来自于中国最早的内衣——肚兜。肚兜是中国古代女性私密空间的悄悄话，含蓄而内敛，很有东方文化特征。设计师将极具东方特征的肚兜同西式的散裙结合在一起，强调今日时尚无国界的文化特征。裙摆处绣着中国图腾——龙纹样（图12-56），这也是东西方文化结合的一种尝试，表述了今日女性开放、独立的个性，诉说着对中国古典浪漫风情的怀念（图12-57、图12-58）。

图12-57 小礼服设计草图 房莹设计

图12-60 礼服设计 马艳丽设计

这一系列礼服是设计师马艳丽的作品，主题是"北非剪影"。其灵感来源于美丽的地中海岸撒哈拉沙漠的一个美丽传说：三千年前，一位逃难的公主艾莉莎来到北非，她用自己的智慧让她和仆人们生存在异乡，大家的勤奋使得城邦日益壮大，形成了一个举世闻名的王国，这便是迦太基帝国……

三千年后，一位用剪刀裁剪梦想的东方女子被这个故事吸引，踏上前往北非的征程，她不顾路途遥远，不辞艰辛，终于在海洋和沙漠之间找到了那片圣地，那片艾莉莎用智慧创建的帝国。红色与突尼斯五彩盘花纹是当地的一大特色，而设计师也巧妙地将这一特色运用在了礼服设计上。

幻彩灵动的裙摆、倾城倾国的粉红，智慧、勤奋、坚毅、美丽的艾莉莎公主站在城堡上，俯瞰着她所创造的奇迹，她把童话变成现实（图12-59、图12-60）。

图12-59 设计草图 马艳丽设计

艾莉莎公主是行走在沙漠中的智慧女神，设计师用柔和的粉色来映衬她的稳重和智慧（图12-61、图12-62）。皮质的拼接、网状线型的分割、硬朗的中性元素，欲将艾莉莎柔美的外表与对未来的执着融为一体（图12-63、图12-64）。飘逸的礼服裙摆上印制了突尼斯的五彩盘图案，将北非民族的特色与时尚潮流淋漓尽致地融合在一起（图12-65、图12-66）。高贵的紫色、象征权贵的金色、铺满细沙的T台，是对沙漠的留念，更是我们对迦太基帝国的敬意（图12-67、图12-68）。

图12-62 礼服设计 马艳丽设计

图12-61 设计草图 马艳丽设计

图12-63 礼服设计 马艳丽设计

图12-64　设计草图　马艳丽设计

图12－66　礼服设计　马艳丽设计

图12－65　设计草图　马艳丽设计

图12-68　礼服设计　马艳丽设计

图12-67　彩盘礼服　马艳丽设计

参考文献

[1] 邓焱.建筑艺术论[M].合肥：安徽教育出版社，1999年.

[2] 史林.高级时装概论[M].北京：中国纺织出版社，2002年.

[3] [日]柳泽元子.从灵感到贸易[M].李当岐，译.北京：中国纺织出版社，2000年.

[4] 王受之.世界时装史[M].北京：中国青年出版社，2002年.

[5] [法]J.J.德卢西奥—迈耶.视觉美学[M].李玮，周水涛，译.上海：上海人民美术出版社，1993年.

[6] [英]普兰温·科斯格拉芙.时装生活史[M].龙靖遥，张莹，郑晓利，译.上海：东方出版中心，2004年.

图书在版编目（CIP）数据

服装设计基础与创意／史林编著．—2版．—北京：中国纺织出版社，2014.9（2021.2重印）

ISBN 978-7-5180-0771-4

Ⅰ．①服…　Ⅱ．①史…　Ⅲ．①服装设计　Ⅳ．①TS941．2

中国版本图书馆CIP数据核字（2014）第149370号

策划编辑：胡　姣　由炳达　　责任校对：楼旭红

版式设计：胡　姣　　　　　　责任印制：王艳丽

中国纺织出版社出版发行

地址：北京市朝阳区百子湾东里A407号楼　邮政编码：100124

销售电话：010—67004422　传真：010—87155801

http://www.c-textilep.com

E-mail：faxing@c-textilep.com

中国纺织出版社天猫旗舰店

官方微博http://weibo.com/2119887771

北京利丰雅高长城印刷有限公司印刷　各地新华书店经销

2006年3月第1版

2014年9月第2版　2021年2月第6次印刷

开本：889×1194　1/16　印张：8.5

字数：136千字　定价：46.00元